蔬菜产业精品教材

U0272061

蔬菜

病虫草害防治技术

范以香　刘中良　律涛　王丽　主编

中国农业科学技术出版社

图书在版编目(CIP)数据

蔬菜病虫草害防治技术／范以香等主编. -- 北京：中国农业科学技术出版社，2024. 6. -- ISBN 978-7-5116-6900-1

Ⅰ . S436. 3

中国国家版本馆 CIP 数据核字第 2024X0D722 号

责任编辑	白姗姗
责任校对	李向荣
责任印制	姜义伟　王思文

出 版 者	中国农业科学技术出版社 北京市中关村南大街 12 号　　邮编：100081
电　　话	(010) 82106638 (编辑室)　　(010) 82106624 (发行部) (010) 82109709 (读者服务部)
网　　址	https://castp.caas.cn
经 销 者	各地新华书店
印 刷 者	鸿博睿特(天津)印刷科技有限公司
开　　本	140 mm×203 mm　1/32
印　　张	5
字　　数	105 千字
版　　次	2024 年 6 月第 1 版　2024 年 6 月第 1 次印刷
定　　价	39. 80 元

前　言

　　蔬菜是我国除粮食作物外栽培面积最广、经济地位最重要的作物，常年种植面积超 3 亿亩，总产量 7 亿多吨。作为人们生活中必不可缺的食物，各地深入推进实施建好"菜园子"，丰富"菜篮子"。蔬菜产业发展已经成为促进农业增效、农民增收的重要措施。

　　近年来，随着农业种植业结构调整，蔬菜产业得到迅猛发展，从种植品种、耕种方式、播种面积和单产规模，到周年产供模式都发生了很大的变化。由于蔬菜本身的生长特点和种植方式，以及气候环境、种植方式、品种等因素影响，病虫草害发生的种类、特点和规律也不同，但发生面积和为害程度呈上升趋势。如何做好蔬菜病虫害的正确诊断及有效防治，特别是如何选择农药种类、用法用量等，成了基层一线种植户迫切需要解决的问题，目前关于药剂防控的蔬菜植保技术远不能满足生产的需要。

　　本书主要介绍白菜类、茄果类、瓜类、甘蓝类、根菜类、葱蒜类、绿叶菜类、豆类、薯芋类、多年生蔬菜、水生蔬菜等病害的诊断症状、虫害及草害发生种类、药剂种类、用法用量等，凸显药剂选择针对性，使用科学性，易学、易懂、易用。适合基层农技推广人员、广大蔬菜种植户使用，也可供农业高等院校学生学习参考，或作为蔬菜生产培训教材。

由于农药属于一种特殊商品，技术性、区域性等较强，各种病害往往交织发生，防治方法要因地制宜，书中农药均为登记农药，可为从事蔬菜产业相关人员提供参考。建议基层农业技术推广者、种植户等读者结合当地实际发生情况和病虫草害发生特性合理选择适宜农药，不要机械性照搬本书。由于编者水平有限，书中难免有不当之处，恳请有关专家、同行、读者批评指正。

编　者

2024 年 4 月

目　　录

第一章　病害防治技术

第一节　白菜类蔬菜

一、大白菜

主要病害有霜霉病、软腐病、黑斑病、根肿病、黑腐病、炭疽病、猝倒病等。

（一）霜霉病

病原为鞭毛菌亚门霜霉属寄生霜霉菌，适宜发病的温度范围为 7~28℃；最适发病环境为日平均温度 14~20℃，相对湿度90％以上；最适感病生育期莲座期至采收期，发病潜育期 3~10天。可于大白菜霜霉病发病之前或初见病症时开始用药防治，用75％百菌清可湿性粉剂 134~154 克/亩*，或70％丙森锌可湿性粉剂 150~214 克/亩，或31％噁酮・氟噻唑悬浮剂 27~33 毫

---

* 1 亩≈667 米²。

升/亩，或 40% 三乙膦酸铝可湿性粉剂 235～470 克/亩，或 60.6% 氟噻唑·锰锌水分散粒剂 135～165 克/亩，或 20% 丙硫唑悬浮剂 40～50 毫升/亩喷雾防治，每隔 7～10 天用药 1 次，连续用药 2～3 次，其中丙硫唑喷施后的大白菜至少应间隔 21 天才能收获；也可用 687.5 克/升氟菌·霜霉威悬浮剂 60～75 毫升/亩，每隔 5 天用药 1 次，每季最多用药 3 次。

（二）软腐病

病原主要为欧氏杆菌属细菌，适宜发病的温度范围为 25～30℃；最适发病环境为相对湿度 93% 以上，如多雨或多露天气；病菌借助灌溉水、雨水及昆虫传播，由植株伤口侵入发病。可于大白菜软腐病发病之前或发病初期开始用药防治，用 1 000 亿芽孢/克枯草芽孢杆菌可湿性粉剂 50～60 克/亩喷雾防治，每 7～10 天用药 1 次，连施 2～3 次；或用 50% 氯溴异氰尿酸可溶粉剂 50～60 克/亩，或 20% 噻森铜悬浮剂 120～200 毫升/亩，或 30% 噻森铜悬浮剂 100～135 毫升/亩，或 20% 噻唑锌悬浮剂 100～150 毫升/亩，或 40% 噻唑锌悬浮剂 50～75 毫升/亩喷雾防治，每 7～10 天用药 1 次，连续用药 2～3 次；也可用 20% 噻菌铜悬浮剂 75～100 克/亩喷雾防治，间隔 14 天用药 1 次，连续用药 3 次。

（三）黑斑病

病原主要为芸薹链格孢，适宜发病的温度范围为 0～30℃；最适发病环境为温度 17～20℃、相对湿度大于 80%，pH 值为 6.6；最适感病生育期成株期至采收期，发病潜育期 5～10 天。可于发病前期或病斑初见期用药防治，用 2% 嘧啶核苷类抗菌素水剂 200 倍液，或 4% 嘧啶核苷类抗菌素水剂 400 倍液喷雾防治，每 7～10 天用药 1 次，连续用药 2～3 次；或用 10% 苯醚甲环唑水分散粒剂 35～50 克/亩喷雾防治，每 7～10 天用药 1 次，每季最多用药 3 次，安全间隔期为 7 天；也可用 30% 戊唑·噻森铜悬浮剂 50～70 克/亩，或 430 克/升戊唑醇悬浮剂 15～18 毫升/亩喷雾防治，安全间隔期为 14 天，每季最多用药 2 次。

（四）根肿病

病原为芸薹根肿菌，适宜发病的温度范围为 9～30℃；最适发病环境温度为 19～25℃，相对湿度 70%～98%；最适发病土壤持水量为 70%，最适土壤 pH 值为 5.4～6.5；发病潜育期 10～25 天。可用 100 亿芽孢/克枯草芽孢杆菌可湿性粉剂 500 倍液拌种，并用 500～650 倍液于移栽前蘸根，移栽后每 5～7 天以相同浓度灌根 3 次；或于播种或移栽定植前用 10% 氟啶胺·精甲霜灵颗粒剂 1.25～1.5 千克/亩拌土撒施；也可用 50% 氟啶胺悬浮剂 267～333 毫升/亩，或 40% 氟胺·氰霜唑悬浮剂 200～250 毫升/亩土壤喷雾；或用 100 克/升氰霜唑悬浮剂 150～180 毫升/亩于定苗后灌根 1 次。

（五）黑腐病

病原为野油菜黄单胞菌野油菜致病变种，适宜发病温度为 25～30℃，最适 pH 值为 6.4；通过灌水、风雨、农事操作传播蔓延，从自然孔口、伤口侵入发病；高温高湿、多雨、重露有利于黑腐病发生。可于发病前或发病初期用药防治，用 6% 春雷霉素可湿性粉剂 25～40 克/亩，或 6% 春雷霉素可溶液剂 35～45

毫升/亩，或 2%春雷霉素水剂 75~120 毫升/亩喷雾防治，每 7~10 天用药 1 次，安全间隔期为 14 天，全季最多用药 3 次。

（六）炭疽病

病原为希金斯刺盘孢，适宜发病温度为 15~38℃；最适发病环境温度为 25~30℃，相对湿度 90%以上；最适感病生育期成株期至采收期，发病潜育期 3~10 天。可于发病前或发病初期用药，用 60%唑醚·代森联水分散粒剂 40~60 克/亩喷雾防治，每隔 7~10 天用药 1 次，安全间隔期为 5 天，每季最多用药 2 次。

（七）猝倒病

病原为多种鞭毛菌亚门真菌及甘蓝链格孢，多发于早春育苗床或育苗盘上，病菌适宜生长地温为 15~16℃；适宜发病地温为 10℃；感病期幼苗长出 1~2 片真叶期。可在播种前，用 11%氟环·咯·精甲种子处理悬浮剂 400~800 毫升/100 千克种子拌种防治，以药浆与种子比为（1∶100）~（1∶80）的比例将药剂稀释后，与种子充分搅拌，直到药液均匀分布到种子表面，晾干后即可。

二、普通白菜

主要病害有软腐病、霜霉病、根肿病、黑斑病、炭疽病、白斑病等。

（一）软腐病

病原主要为胡萝卜欧式杆状细菌，病菌适宜发育温度为 25~30℃；病菌借雨水、灌溉水及昆虫活动传播，从伤口侵入致病。

可于发病前或发病初期，用 100 亿芽孢/克枯草芽孢杆菌可湿性粉剂 60~70 克/亩，或 60 亿芽孢/毫升解淀粉芽孢杆菌升 X-11 悬浮剂 100~200 毫升/亩，或 6%寡糖·链蛋白可湿性粉剂 75~100 克/亩喷雾防治，每隔 7~10 天用药 1 次，连续用药 2~3 次。

（二）霜霉病

病原为寄生霜霉，适宜发病温度为 20~24℃；多发于冷热交替频繁、多雨高湿天气。可于发病前或发病初期，用 75%百菌清可湿性粉剂 130~150 克/亩，或 45%代森铵水剂 78 毫升/亩喷雾防治，每 7~10 天用药 1 次，每季最多用药 2 次，于收获前 7 天停止用药；也可用 45%敌磺钠湿粉 250~500 倍液雾，每 7~10 天用药 1 次，每季最多用药 5 次，安全间隔期为 10 天；或用 70%乙铝·锰锌可湿性粉剂 130~400 克/亩，每 7 天左右用药 1 次，最多用药 3 次，于白菜采收前 30 天停止用药。

（三）根肿病

病原为鞭毛菌亚门芸薹根肿菌，最适温度为 18~25℃；最适土壤持水量为 70%，最适 pH 值为 5.4~6.5；连年种植十字花科的地块发病重。可于播种前用 3 亿 CFU/克哈茨木霉菌可湿性粉剂土壤喷雾 1 次，出苗后 7 天灌根 1 次；也可于播种前用 20%氰霜唑悬浮剂拌细土撒施 1 次，出苗后根部喷淋用药 2 次，安全间隔期为 7 天，每隔 7 天用药 1 次。

（四）黑斑病

病原为链格孢属真菌，适温为 25~27℃；适宜 pH 值为 6.1~8.8，最适 pH 值为 7；主要在莲座期至结球期侵染，雨后易发病。可于发病前，用 68.75%噁酮·锰锌水分散粒剂 45~75 克/亩喷雾防治，每隔 7~10 天用药 1 次，每生长季 2~3 次。

（五）炭疽病

病原为希金斯刺盘孢，适宜发病的温度为 15~38℃；最适发病环境温度为 25~30℃、相对湿度 90%以上；最适感病生育期成株期至采收期，发病潜育期 3~10 天。可于发病前或发病初期，用 250 克/升吡唑醚菌酯乳油 30~50 毫升/亩喷雾防治，间隔 7 天连续用药，安全间隔期为 14 天，每季用药 3 次。

（六）白斑病

病原为芸薹假小尾孢，发病温度为 5~28℃；最适发病环境温度为 11~23℃、相对湿度 80%以上；最适感病生育期生长中后期，发病潜伏期 5~10 天。可于发病前或发病初期，用 70%乙铝·锰锌可湿性粉剂 130~400 克/亩喷雾防治，每 7 天左右用药 1 次，连续用药 2~3 次，每季最多用药 3 次，于采收前 30 天停止用药。

第二节 茄果类蔬菜

一、番茄

主要病害有早疫病、晚疫病、叶霉病、灰霉病、猝倒病、立枯病、病毒病、青枯病、叶霉病、灰叶斑病等。

（一）早疫病

病原为茄链格孢菌，环境温度在 20～25℃，相对湿度在 80% 以上，病害易流行；苗期、成株期均可发病，结果盛期发病严重。可于发病前，用 77% 氢氧化铜可湿性粉剂 167～200 克/亩，或 6% 嘧啶核苷类抗菌素水剂 87.5～125 毫升/亩，或 30% 碱式硫酸铜悬浮剂 145～180 克/亩喷雾防治，每隔 7 天左右用药 1 次，安全间隔期为 7 天，每季最多用药 2 次；也可用 9% 互生叶白千层提取物乳油 67～100 毫升/亩喷雾防治，每隔 7 天用药 1 次，每季用药 4 次；或用 31% 噁酮·氟噻唑 27～33 毫升/亩喷雾防治，每隔 7 天左右用药 1 次，安全间隔期为 5 天，每季最多用药 3 次。

（二）晚疫病

病原为致病疫霉菌，最适温度为 18～22℃，相对湿度 75% 以上利于发病；全生育期均可发病。可于发病前或发病初期，用 100 万孢子/克寡雄腐霉菌可湿性粉剂 6.67～20 克/亩，或 2% 氨基寡糖素水剂 50～60 毫升/亩，或 0.3% 丁子香酚可溶液剂 88～117 克/亩，或 2% 几丁聚糖水剂 100～150 克/亩，或 3% 多抗霉素可湿性粉剂 150 倍液喷雾防治，每隔 7 天左右用药 1 次，安全间隔期为 7 天，每季最多用药 3 次；也可用 100 克/升氰霜唑悬浮剂 53～67 毫升/亩喷雾防治，用药间隔期为 7～10 天，连续用药 3～4 次，安全间隔期为 1 天，每季最多用药 4 次；或用 170 克/升氟噻唑吡乙酮·嘧菌酯悬浮剂 80～100 毫升/亩喷雾防治，用药间隔期为 7～10 天，安全间隔期为 2 天，每季最多用药

3 次。

（三）叶霉病

病原为黄枝孢菌，环境温度 20 ~ 25℃，相对湿度 90％以上易发病；流行速度较快，始发期到盛发期只需 10 ~ 15 天；过密种植、通风不良、湿度过大均有利于病害发生。可于发病前期或发病初期，用 5％多抗霉素水剂 75 ~ 112 毫升/亩喷雾防治，每隔 7 天左右用药 1 次，安全间隔期为 7 天，每季最多用药 3 次；或用 50％克菌丹可湿性粉剂 125 ~ 187.5 克/亩喷雾防治，每隔 7 ~ 10 天用药 1 次，安全间隔期为 2 天，每季最多用药 5 次；也可用 200 克/升氟酰羟·苯甲唑悬浮剂 40 ~ 60 毫升/亩，或 55％多抗·丙森锌可湿性粉剂 150 ~ 200 克/亩喷雾防治，每隔 7 天左右用药 1 次，安全间隔期为 5 天，每季最多用药 3 次。也可于发病初期，用 0.5％小檗碱可溶液剂 230 ~ 280 毫升/亩喷雾防治，每隔 7 ~ 10 天用药 1 次，安全间隔期为 10 天，每季最多用药 3 次；也可用 400 克/升氟唑胺·氯氟醚悬浮剂 15 ~ 35 毫升/亩，或 400 克/升克菌·戊唑醇悬浮剂 40 ~ 60 毫升/亩喷雾防治，每隔 7 天左右用药 1 次，安全间隔期为 3 天，每季最多用药 2 次。

（四）灰霉病

病原为灰葡萄孢菌，病菌发育适宜温度为 20 ~ 30℃；环境温度 20℃左右，相对湿度持续保持在 96％以上，利于发病；最适发病适期始花期至坐果期。可于发病前或发病初期，用 2 亿个/克木霉菌可湿性粉剂 125 ~ 250 克/亩，或 6 亿 CFU/克哈茨木霉菌 DS-10 可湿性粉剂 65 ~ 80 克/亩，或 1 000 亿孢子/克枯草芽孢杆菌可湿性粉剂 60~80 克/亩，或 10 亿 CFU/克解淀粉芽孢杆菌 QST713 悬浮剂 350~500 毫升/亩，或 0.3%丁子香酚可溶液剂 90~120 毫升/亩，或 2.1%丁子·香芹酚水剂 107~150 毫升/亩，或 1%苦参碱可溶液剂 100~120 毫升/亩，或 1.5%苦参·蛇床素水剂 40~50 毫升/亩，或 20%β-羽扇豆球蛋白多肽可溶液剂 130~210 毫升/亩喷雾防治，每隔 7 天左右用药 1 次，可连续用药 2~4 次；或用 80 亿芽孢/克甲基营养型芽孢杆菌 LW-6 可湿性粉剂 80~120 克/亩喷雾防治，每隔 7~10 天用药 1 次，安全间隔期为 7 天，每季最多用药 3 次。也可用 40%双胍三辛烷基苯磺酸盐可湿性粉剂 30~50 克/亩，或 60%乙霉·多菌灵可湿性粉剂 90~120 克/亩喷雾防治，每隔 7 天左右用药 1 次，安全间隔期为 1 天，每季最多用药 3 次。

（五）猝倒病

病原为腐霉属真菌，土壤温度在 15~16℃时，病菌繁殖速度快；主要发生在栽培幼苗的茎基部，病原孢子囊和游动孢子可借雨水、灌溉水、农具、种子等传播。可于育苗前，用 60%硫黄·敌磺钠可湿性粉剂 6~10 克/米^2，或 0.8%精甲·嘧菌酯颗粒剂 3~5 克/米^2 苗床拌土撒施；也可于播种后，用 2 亿孢子/克木霉菌可湿性粉剂 4~6 克/米^2 喷淋苗床，间隔 3~5 天用药 1 次，共用药 2 次；或于定植后，用 3 亿 CFU/克哈茨木霉菌可湿性粉剂 4~6 克/米^2 灌根。

（六）立枯病

病原为立枯丝核菌，适宜发病温度范围为 0~30℃；最适发

病环境温度为15～28℃，相对湿度90%以上；最适感病生育期出苗期至成苗后期，发病潜育期510天。可于播种前，用60%硫黄·敌磺钠可湿性粉剂6～10克/米²拌土撒施于苗床上，或用2克/升吡唑醚菌酯可溶液剂3 500～6 500毫升/亩随水冲施于苗床上，每隔7～10天冲施1次，可用药1～2次；也可于发病前，用3亿CFU/克哈茨木霉菌可湿性粉剂4～6克/米²灌根；或于番茄出苗后，用1亿CFU/克解淀粉芽孢杆菌SN16-1水分散粒剂670～2 000克/亩灌根1次，并每隔7～10天茎基部喷淋1次，可用药2～3次；也可于发病前，用1亿活芽孢/克枯草芽孢杆菌微囊粒剂100～167克/亩喷雾防治。

（七）病毒病

致病病毒较多，包括番茄黄化曲叶病毒（TYLCV）、烟草花叶病毒（TMV）、黄瓜花叶病毒（CMV）、番茄花叶病毒（ToMV）、番茄褪绿病毒（ToCV）、番茄斑萎病毒（TSWV）等20多种病毒，其中侵染范围较大，造成番茄产量损失严重的是番茄黄化曲叶病毒、番茄斑萎病毒。适宜发病的温度范围为15～38℃；最适发病环境，温度为20～35℃，相对湿度80%以下；最适感病生育期5叶至坐果中后期，发病潜育期10～15天。可于发病前或发病初期，用0.5%香菇多糖水剂160～250毫升/亩，或2%氨基寡糖素水剂160～230毫升/亩，或2%几丁聚糖水剂80～133毫升/亩，或20%盐酸吗啉胍可湿性粉剂200～400克/亩，或0.06%甾烯醇微乳剂30～60毫升/亩，或6%寡糖·链蛋白可湿性粉剂75～100克/亩，或6%低聚糖素水剂62～83毫升/

亩，或6%烷醇·硫酸铜可湿性粉剂125~156克/亩，或0.1%大黄素甲醚水剂60~100毫升/亩，或5%几丁寡糖素醋酸盐可溶液剂40~50毫升/亩，或0.5%葡聚烯糖可溶粉剂10~15克/亩，或24%混脂·硫酸铜水乳剂83~125毫升/亩喷雾防治，每隔7~10天用药1次，连续用药3~4次。

（八）青枯病

病原为茄科劳尔氏菌，适宜发病的温度范围20~38℃；最适发病环境，土壤温度为25℃左右，土壤pH值为6.6；最适感病生育期番茄结果中后期，发病潜育期5~20天。可于幼苗移栽时，用0.5%中生菌素颗粒剂穴施防治；也可用5亿CFU/克荧光假单胞杆菌颗粒剂稀释300~600倍液，或60亿芽孢/毫升解淀粉芽孢杆菌Lx-11悬浮剂300~500倍液，或5亿CFU/克多黏类芽孢杆菌KN-03悬浮剂2~3升/亩，或3%中生菌素可湿性粉剂600~800倍液，或300亿CFU/克解淀粉芽孢杆菌HT2003可湿性粉剂1 200~1 600倍液，或10%中生·寡糖素可湿性粉剂1 600~2 000倍液，或10亿CFU/克解淀粉芽孢杆菌QST713悬浮剂350~500毫升/亩，或1亿芽孢/毫升枯草芽孢杆菌水剂300~500倍液，或10亿CFU/克海洋芽孢杆菌可湿性粉剂500~620克/亩灌根防治，每隔7~10天用药1次，连续用药3~4次；也可用20%噻森铜悬浮剂300~500倍液灌根或茎基部喷雾防治，每隔7天左右用药1次，安全间隔期为3天，每季最多用药3次；或用20%噻唑锌悬浮剂160~200毫升/亩茎基部喷淋防治，或40%春雷·噻唑锌悬浮剂80~100毫升/亩喷雾防治，每隔7

天左右用药 1 次，安全间隔期为 5 天，每季最多用药 3 次。

（九）叶霉病

病原为黄枝孢霉，环境温度为 20～25℃，相对湿度大于 90%利于病害发生；种植密度过大、环境湿度过大及叶面结露时间过长，均有利于病菌侵染和扩展。可于发病前或发病初期，用 50%克菌丹可湿性粉剂 125～187.5 克/亩喷雾防治，每隔 7 天左右用药 1 次，安全间隔期为 2 天，每季最多用药 5 次；或用 400 克/升氟唑胺·氯氟醚悬浮剂 15～35 毫升/亩，或 400 克/升克菌·戊唑醇悬浮剂 40～60 毫升/亩喷雾防治，每隔 7～10 天用药 1 次，安全间隔期为 3 天，每季最多用药 2 次。

（十）灰叶斑病

病原为茄匍柄霉，适宜发病的温度范围 7～32℃；最适发病日平均温度为 18～27℃，相对湿度 90%以上；最适感病生育期坐果期至采收期，发病潜育期 3～10 天。可于发病前或发病初期，用 400 克/升氟唑菌酰羟胺·咯菌腈悬浮剂 15～25 毫升/亩喷雾防治，用药间隔期为 7 天左右，安全间隔期为 3 天，每季最多用药 2 次；或用 200 克/升氟酰羟·苯甲唑悬浮剂 40～60 毫升/亩喷雾防治，用药间隔期为 7 天左右，每季最多用药 3 次，安全间隔期为 5 天；也可用 45%乙霉·苯菌灵可湿性粉剂 35～50 克/亩喷雾防治，用药间隔期为 7～10 天，安全间隔期为 14 天，每季最多用药 3 次。

二、茄子

主要病害有灰霉病、立枯病、猝倒病、根腐病、白粉病、黄萎病、青枯病等。

（一）灰霉病

病原为灰葡萄孢，光照不足、气温较低、空气相对湿度大、叶片结露时间长等利于病害发生；苗期、成株期均可发病。可于发病前或发病初期，用500克/升氟吡菌酰胺·嘧霉胺悬浮剂60~80毫升/亩喷雾防治，用药间隔期为7天左右，安全间隔期为3天，每季最多用药2次；也可用20%二氯异氰尿酸钠可溶粉剂187.5~250克/亩，或50%硫黄·多菌灵可湿性粉剂135~166克/亩喷雾防治，每隔7~10天用药1次，安全间隔期为3天，每季最多用药3次；或用50%腐霉利·嘧霉胺水分散粒剂50~70克/亩喷雾防治，用药间隔期为7~10天，安全间隔期为5天，每季最多用药3次。

（二）立枯病

病原为立枯丝核菌，适合发病的温度范围0~30℃；最适宜发病环境温度为15~28℃，相对湿度90%以上；最适感病生育期出苗期至成苗后期，发病潜育期5~10天。可于播种或移栽前，用45%五氯·福美双粉剂7~9克/米^2，或30%多·福可湿性粉剂80~150克/米^{2}土壤处理防治。

（三）猝倒病

病原为瓜果腐霉菌，适宜发病的温度范围为1~15℃；最适发病环境为日均温度2~8℃，相对湿度85%~100%，最适感病生育期发芽至幼苗期，发病潜育期2~3天。可于播种前用45%五氯·福美双粉剂7~9克/米^2，或0.8%精甲·嘧菌酯颗粒剂

4~5 克/米²，或 40%五氯硝基苯粉剂 5 666~6 666 克/亩土壤处理防治；也可于移栽前，用 0.7%春雷霉素·精甲霜灵颗粒剂 400~600 克/亩穴施防治。

（四）根腐病

病原为茄病镰刀菌，适宜发病地温为 10~20℃，最适 pH 值为 6~8；连作地、低洼地、土壤黏重及酸性土壤地块发病重。可于幼苗移栽前，用 0.7%春雷霉素·精甲霜灵颗粒剂 400~600 克/亩穴施防治。

（五）白粉病

病原为单囊壳白粉菌，发病温度范围 15~32℃；最适发病环境温度为 22~28℃，相对湿度 40%~95%；最适感病生育期结果中后期，发病潜育期 5~10 天。

（六）黄萎病

病原为大丽轮枝菌，发病温度范围为 5~30℃；最适发病环境温度为 19~25℃；重茬地、低洼地、缺肥地及线虫为害地块等易发病，植株根系受伤、长势较弱时发病重。可于移栽时，用 10 亿芽孢/克枯草芽孢杆菌可湿性粉剂 2~3 克/株穴施防治，也可于发病初期用 300~400 倍液灌根防治。

（七）青枯病

病原为青枯假单胞菌，土壤温度为 25℃时，发病重；病原可于土壤中越冬，随雨水、灌溉水、农具等传播，侵入根部或茎基部伤口，于导管中繁殖蔓延；重茬地、微酸性地块发病重。可于播种前，用 0.1 亿 CFU/克多黏类芽孢杆菌细粒剂 300 倍液浸种防治；或于定植后，用 0.1 亿 CFU/克多黏类芽孢杆菌细粒剂 1 050~1 400 克/亩，或 20 亿孢子/克蜡质芽孢杆菌可湿性粉剂 100~300 倍液灌根防治。

三、辣椒

主要病害有疫病、炭疽病、病毒病、根腐病、立枯病、猝倒病、枯萎病、青枯病、疮痂病、灰霉病、白粉病、叶斑病等。

（一）疫病

病原为辣椒疫霉菌，生长最适宜温度为 25~27℃，产生孢子囊最适宜温度为 26~28℃；苗期、成株期均可发病。可于发病前或发病初期，用 5 亿 CFU/毫升侧孢短芽孢杆菌 A60 悬浮剂 50~60 毫升/亩，或 100 亿 CFU/毫升枯草芽孢杆菌悬浮剂 100~200 毫升/亩，或 37.5%氢氧化铜悬浮剂 36~52 毫升/亩喷雾防治；或用 10%氟噻唑吡乙酮可分散油悬浮剂 13~20 毫升/亩，或 23.4%双炔酰菌胺悬浮剂 30~40 毫升/亩，或 440 克/升精甲·百菌清悬浮剂 97.5~120 毫升/亩，或 687.5 克/升氟菌·霜霉威悬浮剂 60~75 毫升/亩，或 60.6%氟噻唑·锰锌水分散粒剂 165~190 克/亩，或 52.5%噁酮·霜脲氰水分散粒剂 32.5~43 克/亩，或 50%锰锌·氟吗啉可湿性粉剂 60~100 克/亩喷雾防治，用药间隔期为 7 天左右，安全间隔期为 3 天，每季最多用药 3 次；也可用 70%乙铝·锰锌可湿性粉剂 75~100 克/亩，或 72%霜脲·锰锌可湿性粉剂 100~167 克/亩喷雾防治，每隔 7 天左右用药 1 次，安全间隔期为 4 天，每季最多用药 3 次。

（二）炭疽病

病原为炭疽菌属，发病温度范围 12～33℃；最适发病环境，温度为 25～30℃，相对湿度 85% 以上；最适感病生育期结果中后期，发病潜育期 3～7 天。可于发病前或发病初期，用 1.5% 苦参·蛇床素水剂 30～35 毫升/亩喷雾防治；或用 42% 三氯异氰尿酸可湿性粉剂 83～125 克/亩，或 10% 苯醚甲环唑水分散粒剂 50～83 克/亩，或 20% 噁霉·乙蒜素可湿性粉剂 60～75 克/亩喷雾防治，用药间隔期为 7 天左右，安全间隔期为 3 天，每季最多用药 3 次；也可用 75% 代森锰锌水分散粒剂 160～224 克/亩，或 22.5% 啶氧菌酯悬浮剂 28～33 毫升/亩，或 42% 三氯异氰尿酸可湿性粉剂 60～80 克/亩，或 16% 二氰·吡唑酯水分散粒剂 45～90 克/亩，或 30% 唑醚·戊唑醇悬浮剂 60～70 毫升/亩，或 75% 肟菌·戊唑醇水分散粒剂 10～15 克/亩，或 560 克/升嘧菌·百菌清悬浮剂 80～120 毫升/亩，或 63% 百菌清·多抗霉素可湿性粉剂 80～100 克/亩，或 75% 戊唑·嘧菌酯水分散粒剂 10～15 克/亩，或 43% 氟菌·肟菌酯悬浮剂 20～30 毫升/亩喷雾防治，用药间隔期为 7～10 天，安全间隔期为 5 天，每季最多用药 3 次。

（三）**病毒病**

病原为辣椒轻斑驳病毒（PMMoV）、辣椒环斑病毒（ChiRSV）和辣椒黄化曲叶病毒（PYLCV）等多种病毒；适宜发病的温度范围 15～35℃；最适发病环境，温度为 20～35℃，相对湿度 80% 以下；最适感病生育期苗期至坐果中后期，发病潜育期 10～25 天。可于发病前或发病初期，用 0.06% 甾烯醇微乳剂 30~60 毫升/亩，或 5%几丁寡糖素醋酸盐可溶液剂 40~50 毫升/亩，或 5%氨基寡糖素可溶液剂 40~50 毫升/亩，或 24%混脂·硫酸铜水乳剂 78~117 毫升/亩，或 6%烯·羟·硫酸铜可湿性粉剂 20~40 克/亩，或 2.8%烷醇·硫酸铜悬浮剂 82.1~125 毫升/亩喷雾防治，用药间隔期为 7~10 天；或用 13.7%苦参·硫黄水剂 133~200 毫升/亩，或 50%氯溴异氰尿酸可溶粉剂 60~70 克/亩喷雾防治，每隔 7 天左右用药 1 次，安全间隔期为 3 天，每季最多用药 3 次；也可用 20%吗胍·乙酸铜可湿性粉剂 120~150 克/亩，或 20%吗胍·硫酸铜水剂 60~100 毫升/亩，用药间隔期为 7~10 天，安全间隔期为 5 天，每季最多用药 3 次。

（四）根腐病

病原为镰孢菌，适宜发病的温度范围为 10~35℃；最适发病环境，温度为 18~28℃，相对湿度 90%以上；最适感病生育期始花至坐果期，发病潜育期 5~7 天。可于播种时，用 40%多·福可湿性粉剂 11~13 克/米^2 拌土撒施防治；或于移栽前，用 1.5%咯菌·嘧菌酯颗粒剂 1 000~2 000 克/亩沟施防治；也可于病害发生前，用 20%二氯异氰尿酸钠可溶粉剂 300~400 倍液灌根防治，安全间隔期为 3 天，用药间隔期为 7~10 天，每季最多用药 3 次。

（五）立枯病

病原为立枯丝核菌，病菌适宜生长环境温度为 17~28℃；属苗期常见病害，多发于育苗中后期。可于播种前，用 30%多·福可湿性粉剂 10~15 克/米^2，或 0.1%吡唑醚菌酯颗粒剂 40~50

克/米²，或 0.3%吡唑醚菌酯·咯菌腈颗粒剂 15~20 克/米²，或 1%丙环·嘧菌酯颗粒剂 600~1 000 克/米³药土法防治；或于播种后，用 0.6%精甲·噁霉灵颗粒剂 4 000~5 000 克/亩撒施防治；或用 5%井冈霉素水剂 2~3 毫升/米²，或 50%异菌脲可湿性粉剂 2~4 克/米²，或 15%噁霉灵水剂 5~7 毫升/米² 泼浇苗床防治。

(六) 猝倒病

病原为瓜果腐霉菌，适宜发病的温度范围为 1~15℃；最适发病环境，日均温度为 2~8℃，相对湿度 85%~100%；最适感病生育期发芽至幼苗期，发病潜育期 2~3 天。可于播种前，用 30%霜霉·噁霉灵水剂 300~400 倍液浸种防治，或 0.3%精甲·噁霉灵颗粒剂 6~12 千克/亩，或 0.8%精甲·嘧菌酯颗粒剂 3~5 克/米² 撒施于苗床防治；或于出苗后，用 30%精甲·噁霉灵可溶液剂 30~60 毫升/亩喷雾防治，用药间隔期为 7 天，最多用药 3 次。

(七) 枯萎病

病原为尖孢镰刀菌，高温高湿的环境下发病严重；排水不良、透气性差、多年连作、pH 值偏酸地块易于发病；根结线虫可加剧病害的发展。可于播种前，用 10 亿 CUF/克枯草芽孢杆菌可湿性粉剂药种比 (1：50) ~ (1：25) 拌种防治；或于幼苗移栽前，用 0.6%咯菌·嘧菌酯颗粒剂 3 000~5 000 克/亩沟施防治；也可用 100 亿 CFU/克枯草芽孢杆菌可湿性粉剂 200~250 克/亩，或 5%大蒜素微乳剂 400~800 倍液灌根防治；或用 25%咪鲜胺乳油 500~750 倍液喷雾防治，用药间隔期为 7 天左右，安全间隔期为 12 天，每季最多用药 2 次。

（八）青枯病

病原为青枯假单细胞杆菌，适宜发病的温度范围是 10～40℃；最适发病环境，土壤温度为 20～25℃，土壤 pH 值为 6.6；最适感病的生育期坐果期，发病潜育期 10～20 天。可分别于播种前、播种后和移栽后，用 0.1 亿 CFU/克多黏类芽孢杆菌细粒剂 300 倍液浸种防治、0.3 克/米^2 米苗床泼浇防治和 1 050～1 400 克/亩灌根防治。

（九）疮痂病

病原为黄单胞杆菌，病菌最适宜发育温度为 27～30℃，最低 5℃，最高 40℃；土壤排水不良、种植密度过大容易发病，高温多雨时发病重。可于发病前或发病初期，用 46%氢氧化铜水分散粒剂 30～45 克/亩，或 20%锰锌·拌种灵可湿性粉剂 100～150 克/亩喷雾防治，用药间隔期为 10 天左右，每季最多用药 3 次，其中安全间隔期氢氧化铜水分散粒剂为 5 天，锰锌·拌种灵可湿性粉剂为 15 天。

（十）灰霉病

病原为灰葡萄孢，适宜发病的温度范围为 2～31℃；最适发病环境，温度为 20～28℃，相对湿度 90% 以上；最适感病生育期始花期至坐果期，发病潜育期 3～10 天。可于发病前或发病初期，用 50%咪鲜胺锰盐可湿性粉剂 30～40 克/亩喷雾防治，用药间隔期为 10 天左右，安全间隔期为 12 天，每季最多用药 2 次。

（十一）白粉病

病原为辣椒拟粉孢菌，适宜发病温度范围为 15～18℃，相对

湿度 50%~80%；结露时间长、湿度大和弱光照条件利于发病。可于发病前或发病初期，用 12% 苯甲·氟酰胺悬浮剂 40~67 毫升/亩，或 25% 咪鲜胺乳油 50~62.5 克/亩喷雾防治，用药间隔期为 7 天左右，每季最多用药 2 次，其中安全间隔期苯甲·氟酰胺悬浮剂为 5 天，咪鲜胺乳油为 12 天；也可用 30% 啶氧菌酯·戊唑醇悬浮剂 24~36 毫升/亩喷雾防治，每隔 7~10 天用药 1 次，安全间隔期为 7 天，每季最多用药 3 次。

（十二）叶斑病

病原为尖孢枝孢，病原菌可在种子上越冬，也可以菌丝块在病残体上或以菌丝在病叶上越冬；常见于苗床，高温高湿有利于扩散流行。可于发病前或发病初期，用 20% 噻唑锌悬浮剂 100~150 毫升/亩，用药间隔期为 7~10 天，安全间隔期为 7 天，每季最多药 3 次。

第三节 瓜类蔬菜

一、黄瓜

主要病害有白粉病、霜霉病、细菌性角斑病、灰霉病、炭疽病、靶斑病、枯萎病、黑星病、立枯病、猝倒病、疫病等。

（一）白粉病

病原单囊壳白粉菌和二孢白粉菌，温度在 15~30℃ 容易发

病。于发病初期保护性用药防治，用 55% 百·福可湿性粉剂 114~133 克/亩，每 7 天左右用药 1 次，可连续用药 2~3 次，安全间隔期为 4 天，每季最多用药 3 次；也可在黄瓜白粉病发生前或发生初期用药防治，用 1 000 亿芽孢/克枯草芽孢杆菌可湿性粉剂 70~84 克/亩，或 200 CFU/克贝莱斯芽孢杆菌 CGMCC-No. 14384 水分散粒剂 100~200 克/亩；或用 0.5% 虎杖根茎提取物可溶液剂 240~600 毫升/亩，或 5%D-柠檬烯可溶液剂 90~120 毫升/亩，连续用药 2~3 次，每次间隔 7~10 天；或用 0.5% 大黄素甲醚水剂 90~120 毫升/亩，或 80% 矿物油乳剂 300~400 毫升/亩，每隔 7 天用药 1 次，连喷 2 次；或用 0.5% 小檗碱盐酸盐水剂 200~250 毫升/亩，或 50% 硫黄悬浮剂 150~200 毫升/亩，每隔 10 天左右喷洒 1 次，每季可用药 3 次；或用 250 克/升嘧菌酯悬浮剂 60~90 毫升/亩，间隔 7~10 天，安全间隔期为 1 天，每季最多用药 2 次。

（二）霜霉病

病原为古巴假霜霉菌，以 15~25℃ 最适宜，20~25℃ 时潜育期最短，仅 3 天，气温高于 30℃，病害受抑制。发病前保护性用药，用 10% 氟噻唑吡乙酮可分散油悬浮剂 13~20 毫升/亩，每隔 10 天左右用药 1 次，露地黄瓜每季可用药 2 次，保护地黄瓜可于秋季和春季两个发病时期分别用药 2 次；或用 31% 噁酮·氟噻唑悬浮剂 27~33 毫升/亩，或 60.6% 氟噻唑·锰锌水分散粒剂 135~165 克/亩，每隔 7 天左右用药 1 次，安全间隔期为 3 天，每季最多用药 3 次；也可在发病初期保护性用药，用 75% 琥铜·

百菌清可湿性粉剂 125~150 克/亩，每 7 天左右用药 1 次，安全间隔期为 4 天，每季最多用药 3 次。

（三）细菌性角斑病

病原为丁香假单胞杆菌黄瓜致病变种，温暖、多雨或潮湿条件发病较重。发病温度 10~30℃，适宜发病温度为 18~26℃，适宜相对湿度 75% 以上，棚室低温、高湿利发病。于黄瓜细菌性角斑病发病前或初期用药防治，用 5 亿 CFU/克多黏类芽孢杆菌 KN-03 悬浮剂 160~200 毫升/亩，或 10 亿 CFU/克多黏类芽孢杆菌可湿性粉剂 100~200 克/亩，间隔 7~10 天施 1~2 次；或用 10 亿 CFU/克解淀粉芽孢杆菌可湿性粉剂 35~45 克/亩，或 10 亿芽孢/克解淀粉芽孢杆菌 B7900 可湿性粉剂 75~100 克/亩，或 10 亿 CFU/克解淀粉芽孢杆菌 QST713 悬浮剂 350~500 毫升/亩，或 0.2% 补骨脂种子提取物微乳剂 40~80 毫升/亩，或 4% 小檗碱硫酸盐水剂 100~150 毫升/亩，或 5% 香芹酚水剂 80~100 毫升/亩，或 5% 大蒜素微乳剂 60~80 克/亩，或 8% 大蒜提取物微乳剂 25~50 毫升/亩，或 50% 王铜可湿性粉剂 214~300 克/亩，间隔 7 天用药 1 次，喷雾 3 次，或 52% 王铜·代森锌可湿性粉剂 200~300 克/亩，间隔 7 天左右用药 1 次，安全间隔期为 3 天，每季最多用药 2 次；或用 2% 春雷霉素·四霉素可溶液剂 67~100 毫升/亩，或 3% 中生菌素可湿性粉剂 95~110 克/亩，或 5% 春雷·中生可湿性粉剂 70~80 克/亩，或 8% 春雷·噻霉酮水分散粒剂 45~50 克/亩，或 10% 春雷·寡糖素可溶液剂 30~35 毫升/亩，或 12% 丙硫唑·春雷霉素悬浮剂 30~35 毫升/亩，或 18% 春雷霉素·松脂酸铜悬浮剂 100~120 毫升/亩，或 20%噻森铜悬浮剂 100~166 毫升/亩，用药间隔期为 7 天左右，安全间隔期为 3 天，每季最多用药 3 次。

（四）灰霉病

病原为灰葡萄孢菌，适宜发病的温度范围为 2~31℃；最适宜发病环境，温度为 18~25℃，相对湿度持续 90%以上。黄瓜苗期预防用药，用 10 亿 CFU/克海洋芽孢杆菌可湿性粉剂 100~200 克/亩；也可预防性用药或者发病初期用药，用 20%β-羽扇豆球蛋白多肽可溶液剂 130~210 毫升/亩，每隔 7 天左右 1 次，可连续用药 2~4 次；也可在黄瓜灰霉病发生前或发生初期用药防治，用 3 亿孢子/克木霉菌可湿性粉剂 187.5~250 克/亩，或 10 亿 CFU/克解淀粉芽孢杆菌 QST713 悬浮剂 350~500 毫升/亩，或 30 亿芽孢/克甲基营养型芽孢杆菌 9912 可湿性粉剂 62.5~100 克/亩，可连续用药 3 次，每次间隔 7 天左右；或用 0.2%白藜芦醇可溶液剂 80~120 毫升/亩，或 1 000 亿活孢子/克荧光假单胞杆菌可湿性粉剂 70~80 克/亩，用药 2 次，间隔 7 天左右；或用 35%咯菌腈·乙霉威水分散粒剂 40~60 克/亩，或 60%腐霉利·乙霉威水分散粒剂 40~50 克/亩，或 70%嘧霉胺水分散粒剂 45~55 克/亩，或 70%嘧霉·啶酰菌悬浮剂 40~60 克/亩，或 500 克/升氟吡菌酰胺·嘧霉胺悬浮剂 60~80 毫升/亩，每隔 7 天左右用药 1 次，安全间隔期为 3 天，每季最多用药 2 次。

（五）炭疽病

病原为葫芦科刺盘孢菌，病菌生长适温为 24℃，8℃以下

30℃以上即停止生长，湿度是诱发本病的重要因素。黄瓜炭疽病发病前或发病初期用药预防，用2%辛菌·四霉素水剂68～90毫升/亩，安全间隔期为1天，每季最多用药2次；或用60%唑醚·代森联水分散粒剂80～100克/亩，间隔7～8天连续用药，安全间隔期2天，每季最多用药2次；或用50%克菌丹可湿性粉剂125～187.5克/亩，连喷3～5次，每隔7～10天用药1次，安全间隔期为2天，每季最多用药3次；或用20%硅唑·咪鲜胺水乳剂40～67毫升/亩，或34%苯醚·甲硫悬浮剂75～100毫升/亩，或35%甲硫·戊唑醇悬浮剂100～120毫升/亩，安全间隔期为3天，每个周期最多用药3次；或用50%甲硫·福美双可湿性粉剂60～80克/亩，每7～10天用药1次，可连续用药1～3次，安全间隔期为4天，每季最多用药3次；或用70%甲硫·丙森锌可湿性粉剂75～100克/亩，或70%咪鲜·丙森锌可湿性粉剂90～120克/亩，安全间隔期为5天，每季最多用药2次。

（六）靶斑病

病菌是半知菌的棒孢菌，高湿或通风透气不良等条件下易发病，25～27℃、饱和湿度、昼夜温差大等条件下发病重。于黄瓜靶斑病发病前或发病初期，1 000亿活孢子/克荧光假单胞杆菌可湿性粉剂70～80克/亩，间隔7天用药1次；也可用400克/升氯氟醚菌唑悬浮剂15～25毫升/亩，间隔7天左右1次，安全间隔期1天，每季最多用药3次；或用5%氟醚菌酰胺烟剂90～120克/亩，或12%肟菌酯·四霉素悬浮剂22～28毫升/亩，或12%苯甲·氟酰胺悬浮剂53～67毫升/亩，或35%苯甲·咪鲜胺水乳剂 60~90 毫升/亩，或 35%氟吡菌酰胺·喹啉铜悬浮剂 50~70 毫升/亩，或 35%氟菌·戊唑醇悬浮剂 20~25 毫升/亩，或 36%肟菌·喹啉铜悬浮剂 40~60 毫升/亩，或 43%氟菌·肟菌酯悬浮剂 15~25 毫升/亩，每隔 7 天左右用药 1 次，安全间隔期为 3 天，每季最多用药 2 次；也可用 200 克/升氟酰羟·苯甲唑悬浮剂 30~50 毫升/亩，或 400 克/升氯氟醚·吡唑酯悬浮剂 25~40 毫升/亩，用药间隔 7~10 天，安全间隔期为 3 天，每季最多用药 3 次。

（七）枯萎病

病原为尖镰孢菌黄瓜专化型，病菌发育最适宜的温度为 24~27℃，土温 24~30℃。氮肥过多以及酸性土壤利于病菌活动，在 pH 值为 4.5~6 的土壤中黄瓜枯萎病发生严重。在黄瓜移栽时用药预防，用 0.3%氨基寡糖素·噁霉灵颗粒剂 8~10 千克/亩，每季最多用药 1 次，安全间隔期为收获期；也可在黄瓜枯萎病发病前或初期用药，用 50%多果定悬浮剂 120~160 克/亩，间隔 7 天左右用药 1 次，安全间隔期为 2 天，每季最多用药 3 次；或用 3%甲霜·噁霉灵水剂 500~700 倍液每株 250 毫升，每 10 天左右可用药 1 次，可连续用药 2~3 次，安全间隔期为 3 天，每个周期最多用药 3 次；或用 2%春雷霉素可湿性粉剂 50~100 倍液，安全间隔期为 4 天，每季最多用药 3 次；或用 32%唑酮·乙蒜素乳油 75~94 毫升/亩，安全间隔期为 5 天，每季最多用药 2 次；或用 7.5%混合氨基酸铜水剂 200~400 倍液，安全间隔期为 7 天，每季最多药 2~3 次；或用 68%噁霉·福美双可湿性粉剂

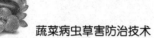

800~1 000 倍液，间隔 10 天用药 1 次，每株用药液 300 毫升左右，安全间隔期为 15 天，每季最多用药为 3 次；或用 70% 敌磺钠可溶粉剂 250~500 克/亩，每 7~10 天喷 1 次，连喷 2~3 次。

（八）黑星病

病原为瓜疮痂枝孢霉，当棚内最低温度超过 10℃，相对湿度从 18 时至翌日 10 时均高于 90%，棚顶及植株叶面结露，是该病发生和流行的重要条件。于黄瓜黑星病发病初期开始用药防治，用 20% 腈菌·福美双可湿性粉剂 67~133 克/亩，间隔期 7 天左右用药 1 次，安全间隔期为 10 天，每个周期的最多用药 4 次；或用 40% 氟硅唑乳油 7.5~12.5 克/亩，或 400 克/升氟硅唑乳油 7.5~12.5 克/亩，间隔 10 天左右喷药 1 次，安全间隔期为 3 天，每季最多用药 2 次。

（九）立枯病

病原为立枯丝核菌，年度间早春多寒流、多阴雨或梅雨期间多雨，晚秋多雨、温度偏高的年份发病重。于黄瓜出苗后或移栽前幼苗期灌根处理，用 60% 氟胺·嘧菌酯水分散粒剂 35~45 克/亩，每季最多用药 1 次；也可在苗期立枯病发生期用药防治，用 70% 噁霉灵可湿性粉剂 1.25~1.75 克/米^2，最多可用药 3 次；或用 45% 敌磺钠湿粉 250~500 倍液喷雾 3~5 次，每次间隔 7~10 天。

（十）猝倒病

病原为瓜果腐霉，菌丝生长适温 30℃，最高 40℃，最低 10℃，15~30℃ 条件下均可产生游动孢子。在黄瓜播种后苗床浇灌用药预防，用 34%春雷·霜霉威水剂 12.5~15 毫升/米² 苗床浇灌，每季最多用药 1 次；也可在猝倒病发生初期，用 10%敌磺·福美双可湿性粉剂 1 670~2 000 克/亩，安全间隔期至收获，每季最多用药 1 次；或 20%乙酸铜可湿性粉剂 1 000~1 500 克/亩，每 4 天用药 1 次，可连续用药 2 次。

（十一）疫病

病原为瓜类疫霉，病菌发育温度为 5~37℃，适温为 25~30℃。于播种时及幼苗移栽前苗床浇灌预防，用 722 克/升霜霉威水剂 5~8 毫升/米²；也可在发病前或初期，用 18.7%烯酰·吡唑酯水分散粒剂 75~125 克/亩，间隔 7~10 天用药，安全间隔期为 3 天，每季最多用药 3 次。

二、冬瓜

主要病害有霜霉病、炭疽病、白粉病、立枯病等。

（一）霜霉病

病原为古巴假霜霉菌，适宜发病的温度范围 15~22℃；适宜病害流行的环境为 20~24℃，相对湿度为 83%以上并保持 4 小时，幼苗期就能发病，结瓜期受害最重。可于冬瓜霜霉病发生前或初见零星病斑时用药防治，用 250 克/升嘧菌酯悬浮剂 48~90 毫升/亩，叶面均匀喷雾 1~2 次，间隔 7~10 天，安全间隔期为 7 天，每季最多用药 2 次。

（二）炭疽病

病原为刺盘孢菌，适宜的发病温度 10~30℃，最适宜的发病

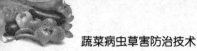

环境温度为 22~27℃，相对湿度 95% 以上，最适感病生育期开
花坐果期到采收中后期，发病潜育期 5~7 天。可于冬瓜炭疽病
发生前或初见零星病斑时用药防治，用 250 克/升嘧菌酯悬浮剂
48~90 毫升/亩，叶面喷雾 1~2 次，间隔 7~10 天，安全间隔期
为 7 天，每季最多用药 2 次。

（三）白粉病

病原为瓜白粉菌和瓜单囊壳，当温度 16~24℃，湿度 50%~
85% 时，极利于冬瓜白粉病的发生及流行，苗期至收获期间均会
发病。白粉病发生初期，用 20% 己唑·壬菌铜微乳剂 430~600
倍液喷雾，间隔 7 天用药 1 次，连续用药 2~3 次，安全间隔期
为 7 天，每季最多用药 3 次，冬瓜幼苗期禁止使用本品。

（四）立枯病

病原为立枯丝核菌，适宜发病的温度范围 13~42℃，最适发
病温度为 24℃，最适感病育苗后期。在冬瓜苗移栽或定植前用
药，用 0.12% 咯菌·噁霉灵颗粒剂 10~20 千克/亩，安全间隔期
为收获期，每季最多用药 1 次。

三、节瓜

主要病害有霜霉病等。

霜霉病：病原为古巴假霜霉菌，在适温范围内，湿度起决
定性作用，平均温度 15~16℃时，潜育期 5 天。于病害发生前或
发病初期喷雾用药，用 36% 氟吡菌胺·烯酰吗啉悬浮剂连续用
药 3 次，每次间隔 7~10 天，安全间隔期为 7 天，每季最多用药

3 次。

四、西葫芦

主要病害有白粉病、霜霉病、灰霉病、病毒病、疫病等。

（一）白粉病

病原为单囊壳白粉菌，病菌产生分生孢子的适温为 15～25℃，发病程度取决于湿度和寄主长势；低湿（相对湿度 25%）可萌发，高湿（相对湿度 85%）萌发率明显提高。在西葫芦白粉病发病初期用药防治，喷施 1% 蛇床子素水乳剂 150～250 毫升/亩，间隔 7 天左右再用药 1 次，连续用药 2 次；或用 37% 苯醚甲环唑水分散粒剂 27～40 克/亩，一般连续用药 2 次，用药间隔期为 5～7 天，安全间隔期为 7 天，每季最多用药 2 次；或用 20% 吡唑醚菌酯悬浮剂 25～50 毫升/亩，或 30% 吡唑醚菌酯悬浮剂 17～33 毫升/亩，间隔 7 天用药 1 次，连续用药 2～3 次，安全间隔期为 7 天，每季最多用药 3 次。

（二）霜霉病

病原为古巴假霜霉菌，病菌发育温度 15～30℃，孢子囊形成适宜温度为 15～20℃，湿度 85% 以上，萌发适宜温度为 15～22℃，在高湿条件下，20～24℃病害发展迅速而严重。于西葫芦霜霉病发病前或发病初期用药防治，用 500 克/升嘧菌酯悬浮剂 20～25 毫升/亩，间隔 7～10 天，连续用药 2 次，安全间隔期为 5 天，每季最多用药 2 次；或用 20% 吡唑醚菌酯悬浮剂 37.5～50 毫升/亩，或 30% 吡唑醚菌酯悬浮剂 25～33 毫升/亩，连续用药

2~3 次，间隔 7 天，安全间隔期为 7 天，每季最多用药 3 次；或用 1.5%苦参碱可溶液剂 24~32 毫升/亩，至少应间隔 10 天才能收获，每季最多用药 3 次。

（三）灰霉病

病原为灰葡萄孢，病菌喜温暖潮湿的环境，适宜发病的温度范围为 2~31℃，最适宜的发病环境温度为 18~25℃，相对湿度保持 90%以上。于西葫芦灰霉病发病初期用药防治，用 20%嘧霉胺悬浮剂 180~240 毫升/亩，或 40%嘧霉胺悬浮剂 90~120 毫升/亩，或 50%啶酰菌胺水分散粒剂 50~70 克/亩，喷雾用药 2 次，间隔 7 天，安全间隔期为 7 天，每季最多用药 2 次。

（四）病毒病

主要是由黄瓜花叶病毒、甜瓜花叶病毒、西葫芦花叶病毒、南瓜花叶病毒、烟草环斑病毒等单独或复合侵染所引起的，病毒病通过种子、肥料、土壤、昆虫、人为传播。在西葫芦病毒病发病前或初期用药防治，用 0.5%香菇多糖水剂 200~300 毫升/亩，使用香菇多糖水剂后西葫芦至少应间隔 10 天才能收获，每季最多用药 3 次。

（五）疫病

由真菌鞭毛菌亚门甜瓜疫霉侵染引起的疾病，该病在平均气温 18℃开始发病，发病适温 28~30℃，在此期间若遇多雨季节则发病重，大雨后暴晴最易诱发此病流行。于病害发生前或初见零星病斑时可用药防治，用 60%霜脲·嘧菌酯水分散粒剂 30~40 克/亩，叶面喷雾 1~2 次，间隔 7~10 天，安全间隔期为

5 天，每季最多用药 2 次。

五、西瓜

主要病害有枯萎病、炭疽病、疫病、白粉病、蔓枯病、细菌性角斑病、病毒病、立枯病、猝倒病、叶斑病、灰霉病、叶枯病、细菌性果腐病等。

（一）枯萎病

病原为西瓜专化型尖孢镰刀菌，发病温度范围在 4～34℃；最适发病环境温度为 24～28℃，气温在 35℃ 以上可抑制病害发生。于种子时进行包衣，用 2.2%甲霜·百菌·百菌清悬浮种衣剂 146.7～220 克/100 千克种子，或 25 克/升咯菌腈悬浮种衣剂 400～600 毫升/100 千克种子；也可在育苗期和定植时，分别用 10 亿 CFU/克解淀粉芽孢杆菌可湿性粉剂 15～20 克/亩、80～100 克/亩；也可在西瓜移栽前或移栽时，用 0.2%咯菌·嘧菌酯颗粒剂 10～15 千克/亩，或 0.5%嘧菌·噁霉灵颗粒剂 10～11 千克/亩，或 0.5%咯菌·噁霉灵颗粒剂 4 000～6 000 克/亩，或 1%嘧菌酯颗粒剂 2 000～3 000 克/亩，或 3%吡唑醚菌酯·噁霉灵颗粒剂 1 750～2 000 克/亩，每季最多用药 1 次；也可在西瓜移栽后发病前，用 15%混铜·多菌灵悬浮剂 973～1 247 毫升/亩，可用药 2～3 次，每次间隔 7～10 天，安全间隔期和每季最多用药次数分别为：30 天、3 次，40 天、3 次；也可在西瓜枯萎病发病前或发病初期，用 5 亿 CFU/克多黏类芽孢杆菌 KN-03 悬浮剂 3～4 升/亩，或 10 亿 CFU/克多黏类芽孢杆菌可湿性粉剂 500～

1 000 克/亩，或 80 亿个/毫升地衣芽孢杆菌水剂 500~700 倍液，用药 3 次，间隔 7 天。

（二）炭疽病

病原为瓜类炭疽病菌，在 10~30℃ 范围内都可发病，以 24℃ 最适宜。于西瓜炭疽病发病前或发病初期进行用药预防，用 40%苯甲·肟菌酯悬浮剂 20~30 毫升/亩，隔 7~10 天用药 1 次，可连续用药 2~3 次，安全间隔期为 1 天，每季最多用药 3 次；或用 75%肟菌·戊唑醇水分散粒剂 10~15 克/亩，间隔 7~10 天用药 1 次，安全间隔期为 3 天，每季最多用药 3 次；或用 250 克/升吡唑醚菌酯乳油 23~30 毫升/亩，间隔 7~10 天连续用药，安全间隔期为 5 天，每季最多用药 3 次；或用 20%苯醚甲环唑微乳剂 30~40 毫升/亩，或 25%苯甲·溴菌腈可湿性粉剂 60~80 克/亩，或 27%春雷·溴菌腈可湿性粉剂 60~100 克/亩，或 30%啶氧菌酯·溴菌腈水乳剂 60~80 毫升/亩，或 35%苯甲·吡唑酯悬浮剂 30~45 毫升/亩，或 40%苯甲·醚菌酯可湿性粉剂 2 200~3 700 倍液，或 40%苯甲·咪鲜胺水乳剂 8~11 毫升/亩，或 45%双胍·己唑醇可湿性粉剂 1 500~2 000 倍液，安全间隔期为 7 天，每个周期最多用药 2 次。

（三）疫病

病原为德雷疫霉和辣椒疫霉，发病温度范围 11~37℃，最适发病环境温度为 25~32℃，相对湿度 85%以上。于西瓜疫病发病前或发病初期进行防治，用 28%精甲霜灵·氰霜唑悬浮剂 15~19 毫升/亩，间隔期 7 天左右 1 次，安全间隔期为 7 天，每季最多用药 2 次；或用 60% 唑醚·代森联水分散粒剂 60～100 克/亩，或 68% 精甲霜·锰锌水分散粒剂 100～120 克/亩，或 70% 丙森锌可湿性粉剂 150～200 克/亩，或 170 克/升氟噻唑吡乙酮·嘧菌酯悬浮剂 80～100 毫升/亩，或 280 克/升氟噻唑·双炔酰悬浮剂 30～40 克/亩，或 440 克/升精甲·百菌清悬浮剂 100～150 毫升/亩，或 687.5 克/升氟菌·霜霉威悬浮剂 60～75 毫升/亩，间隔 7～10 天，安全间隔期为 7 天，每季最多用药 3 次；或用 100 克/升氰霜唑悬浮剂 55～75 毫升/亩，用药间隔期 7～10 天，安全间隔期为 7 天，每季最多用药 4 次；或用 26% 氰霜·嘧菌酯悬浮剂 48～65 克/亩，可连续用药 2～3 次，用药间隔期为 7～10 天，安全间隔期为 14 天，每季最多用药 3 次；也可在西瓜谢花后或雨天来临前，用 23.4% 双炔酰菌胺悬浮剂 30～40 毫升/亩，连续使用 2～3 次，间隔 7～10 天，安全间隔期为 5 天，每季最多用药 3 次。

（四）白粉病

病原为瓜类单囊壳和葫芦科白粉菌，病菌分生孢子萌发适温为 20～25℃，温度范围 10～30℃。在病害发生前期或初期进行防治，用 42% 寡糖·硫黄悬浮剂 100～150 毫升/亩，或 80% 硫黄水分散粒剂 233～266.7 克/亩，每季用药 2 次，间隔 7 天左右；或用 20% 戊菌唑水乳剂 25～30 毫升/亩，间隔 7 天用药 1 次，连续用药 2 次，安全间隔期为 7 天；或用 25% 吡唑醚菌酯悬浮剂 30～40 毫升/亩，或 30% 氟菌唑可湿性粉剂 15～18 克/亩，或 42.4% 唑醚·氟酰胺悬浮剂 10～20 毫升/亩，或 50% 苯甲·硫黄

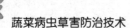

水分散粒剂 70~80 克/亩，或 400 克/升氯氟醚·吡唑酯悬浮剂 25~40 毫升/亩，每隔 7 天左右喷药 1 次，安全间隔期为 7 天，每季最多用药 3 次；或用 29%吡萘·嘧菌酯悬浮剂 30~60 毫升/亩，或 40%苯甲·嘧菌酯悬浮剂 30~40 毫升/亩，或 50%苯甲·吡唑酯水分散粒剂 8~16 克/亩，或 200 克/升氟酰羟·苯甲唑悬浮剂 40~50 毫升/亩，安全间隔期为 14 天，每季最多用药 3 次；或用 80%苯甲·醚菌酯可湿性粉剂 10~15 克/亩，安全间隔期为 14 天，每个周期最多用药 4 次。

（五）蔓枯病

病原为亚隔孢壳菌，在 10~34℃内，病原的潜育期随温度升高而缩短，空气相对湿度超过 80%以上易发病。于病害发生前或发病初期用药预防，用 40%百菌清悬浮剂 100~140 毫升/亩，间隔 7 天用药 1 次，安全间隔期为 3 天，每季最多用药 3 次；或用 40%双胍三辛烷基苯磺酸盐可湿性粉剂 800~1 000 倍液，每次用药间隔为 7~14 天，安全间隔期为 5 天，每季最多用药 3 次；或用 35%氟菌·戊唑醇悬浮剂 25~30 毫升/亩，或 43%氟菌·肟菌酯悬浮剂 15~25 毫升/亩，或 45%双胍·己唑醇可湿性粉剂 1 500~2 000 倍液，每隔 7~10 天用药 1 次，安全间隔期为 7 天，每季最多用药 2 次；或用 16%多抗霉素可溶粒剂 75~85 克/亩，或 35%苯甲·溴菌腈可湿性粉剂 20~40 克/亩，或 60%唑醚·代森联水分散粒剂 60~100 克/亩，用药间隔 7~10 天，安全间隔期为 7 天，每季用药 3 次；或用 12%苯甲·氟酰胺悬浮剂 40~67 毫升/亩，用药间隔 7~10 天，安全间隔期为 10 天，每季最多用药 3 次；或用 30% 苯甲·啶氧悬浮剂 40~50 毫升/亩，用药间隔 7~10 天，安全间隔期为 14 天，每季最多用药 2 次；或用 48% 嘧菌·百菌清悬浮剂 75~90 毫升/亩，或 24% 苯甲·烯肟悬浮剂 30~40 毫升/亩，或 40% 苯甲·吡唑酯悬浮剂 20~25 毫升/亩，或 200 克/升氟酰羟·苯甲唑悬浮剂 60~80 毫升/亩，用药间隔 7~10 天，安全间隔期为 14 天，每季最多用药 3 次。

（六）细菌性角斑病

该病害是由细菌中假单胞杆菌侵染所致，温暖高湿条件，即气温 21~28℃，相对湿度 85% 以上，易发病。于细菌性角斑病发病前或发病初期用药防治，105 亿 CFU/克多黏菌·枯草菌可湿性粉剂 60~70 克/亩，连续用药 3 次，用药间隔 7~10 天；或用 4% 低聚糖素可溶粉剂 85~165 克/亩，每隔 3~5 天连续用药 2~3 次；或用 6% 春雷霉素可湿性粉剂 32~40 克/亩，7 天用药 1 次，安全间隔期为 14 天，每季最多用药 3 次；或用 30% 噻森铜悬浮剂 100~160 毫升/亩，7~15 天防治 1 次，安全间隔期为 10 天，每季最多用药 2 次；或用 45% 春雷·喹啉铜悬浮剂 30~50 毫升/亩，每隔 7~10 天用药 1 次，安全间隔期为 7 天，每季最多用药 3 次。

（七）病毒病

主要病毒病类型有西瓜花叶病毒 2 号（WMV-2）、甜瓜花叶病毒（MMV）、黄瓜花叶病毒（CMV）、黄瓜绿斑花叶病毒（CGMMV）等，带毒种子及染病植株是初侵染源。于病害发生前或发病初期用药，用 1% 香菇多糖水剂稀释 200~400 倍液，连用 2～3 次；或用 4%低聚糖素可溶粉剂 85～165 克/亩，可每隔 3～5 天连续用药 2～3 次，或 20%毒氟磷悬浮剂 80～100 毫升/亩，用药间隔期为 7～10 天，安全间隔期为 10 天，每季用药次数 2 次；或用 24%混脂·硫酸铜水乳剂 78～117 毫升/亩，每 7～10 天喷施 1 次，连续喷施 3～4 次。

（八）立枯病

病原为立枯丝核菌，低温多雨、土壤中病菌积累多、通气性差，易发病。于西瓜播种或移栽前用药防治，用 1%噁菌·噁霉灵颗粒剂 2 400～3 600 克/亩开沟撒施 1 次；也可在发病前或发病初期，用 70%敌磺钠可溶粉剂 250～500 克/亩喷施，每 7～10 天喷 1 次，连喷 2～3 次；或用 15%咯菌·噁霉灵可湿性粉剂 300～353 倍液灌根，每季最多用药 2 次。

（九）猝倒病

病原为瓜果腐霉和德里腐霉，土壤温度低，湿度大，利于病菌的生长和繁殖，不利于瓜苗的生长。于西瓜播种或移栽前用药预防，用 0.4%噁菌·噁霉灵颗粒剂 10 000～15 000 克/亩穴施 1 次。

（十）叶斑病

病原为瓜类尾孢，在温暖高湿的条件下容易发生。西瓜叶斑病发病初期用药预防，500 克/升异菌脲悬浮剂 60～90 毫升/亩，安全间隔期为 14 天，每季用药最多 3 次。

（十一）灰霉病

病原为瓜疮痂枝孢霉菌，最适宜发病的环境条件为温度 22～

25℃，相对湿度为 95%。在高温高湿条件下，连作田发病重。于西瓜灰霉病发病前或发病初期用药预防，用 30% 唑醚·啶酰菌悬浮剂 40~60 毫升/亩，间隔 7~10 天后再用药 1 次，安全间隔期为 14 天，每季最多用药 2 次。

（十二）叶枯病

病原为瓜链格孢菌，气温 14~36℃、相对湿度高于 80% 均可发病，田间雨日多、雨量大，相对湿度高于 90% 易流行或大发生。于西瓜叶枯病发病前或发病初期用药防治，用 12% 苯甲·氟酰胺悬浮剂 40~67 毫升/亩，间隔 7~10 天，连续用药 2~3 次，安全间隔期为 10 天，每季最多用药 3 次。

（十三）细菌性果腐病

病原为类产碱假细胞西瓜亚种西瓜细菌性斑豆假单细胞，在温暖潮湿的环境中易暴发流行，特别是炎热季节伴随暴风雨的条件，有利于病原菌的繁殖和传播，病害发生严重。可于西瓜细菌性果腐病发病前或发病初期用药开始用药防治，用 20% 噻唑锌悬浮剂 125~150 毫升/亩，间隔 7~10 天用药 1 次，连续 2~3 次，安全间隔期为 7 天，每季最多用药 3 次。

六、甜瓜

主要病害有白粉病、霜霉病、猝倒病、炭疽病、根腐病、灰霉病、细菌性角斑病等。

（一）白粉病

病原为单囊壳白粉菌和二孢白粉菌，田间湿度大，气温在

18~24℃时，病害易发生流行。在甜瓜白粉病发生前或发生初期用药预防，用 1 000 亿芽孢/克枯草芽孢杆菌可湿性粉剂 120~160 克/亩，每 7~10 天用药 1 次，可连续用药 2~3 次；也可用 300 克/升醚菌·啶酰菌悬浮剂 45~60 毫升/亩，连续用药 3 次，用药间隔 7~14 天，安全间隔期为 3 天，每季最多用药 3 次；或用 43%氟菌·肟菌酯悬浮剂 20~30 毫升/亩，每隔 7~10 天用药 1 次，安全间隔期为 5 天，每季最多用药次数 2 次；或用 4%四氟醚唑水乳剂 67~100 克/亩，或 56%啶酰·肟菌酯悬浮剂 15~20 毫升/亩，每隔 10 天左右用药 1 次，安全间隔期为 7 天，每季最多用药 3 次；也可用 30%戊唑醇悬浮剂 7~14 毫升/亩，或 50%戊唑醇悬浮剂 4.5~8.5 毫升/亩，或 430 克/升戊唑醇悬浮剂 5~10 毫升/亩，间隔 7~10 天用药 1 次，安全间隔期为 10 天，每季最多用药 2 次。

（二）霜霉病

病原为古巴假霜霉菌，气温 15~24℃适其发病，生产上浇水过量或浇水后遇中到大雨、地下水位高、株叶密集易发病。于甜瓜霜霉病病害发生前或发病初期喷雾用药预防，用 20%精甲霜灵·氰霜唑悬乳剂 35~55 毫升/亩，或 47%烯酰·唑嘧菌悬浮剂 40~60 毫升/亩，或 60%精甲霜灵·烯酰吗啉水分散粒剂 20~30 克/亩，或 60%唑醚·锰锌水分散粒剂 80~100 克/亩，或 60%唑醚·代森联水分散粒剂 100~120 克/亩，或 72%锰锌·霜脲可湿性粉剂 145~165 克/亩，或 535 克/升霜脲·霜霉威悬浮剂 70~90 毫升/亩，或 687.5 克/升氟菌·霜霉威悬浮剂 60~80

毫升/亩，间隔 7 天左右用药 1 次，安全间隔期为 7 天，每季最多用药 3 次；或用 18.7%烯酰·吡唑酯水分散粒剂 75~125 克/亩，间隔 7~10 天连续用药，安全间隔期为 15 天，每季最多用药 3 次。

（三）猝倒病

病原为瓜果腐霉或德里腐霉，土温低于 15℃时土壤湿度高光照不足，幼苗长势弱时发病迅速。于甜瓜猝倒病发病初期开始用药预防，用 8%噁霉灵水剂 9.375~13.125 毫升/米^2，进行苗床喷淋，每季最多用药 2 次；也可用 30%精甲·噁霉灵可溶液剂 800~1 000 倍液灌根，间隔 7 天用药 1 次，安全间隔期为 14 天，每季最多用药 3 次。

（四）炭疽病

发病适温 22~27℃，适宜湿度 85%~98%。在发病前或发病初期喷雾，用 75%菌·溴菌腈可湿性粉剂 30~50 克/亩，间隔 7~10 天用药 1 次，安全间隔期为 5 天，每季最多用药 3 次；或用 20%四氟·吡唑酯水乳剂 30~50 毫升/亩，或 30%苯甲·嘧菌酯悬浮剂 40~50 毫升/亩，或 45%甲硫·腈菌唑水分散粒剂 20~30 克/亩，用药间隔 7 天，安全间隔期为 7 天，每季最多用药 2 次；或用 30%吡唑醚菌酯·溴菌腈水乳剂 40~50 毫升/亩，间隔 7~10 天用药 1 次，安全间隔期为 7 天，每季最多用药 3 次。

（五）根腐病

病原是腐皮镰孢菌，该菌在 5~30℃都能生长，菌丝生长最适温度 30℃，子囊壳形成所需温度 20~30℃，25℃最适。甜瓜

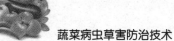

移栽前用药防治，用 1% 唑醚·精甲霜颗粒剂根腐病 2 000~
3 000 克/亩拌细沙撒施 1 次，每季最多用药 1 次；也可在甜瓜定
植后 20~30 天灌根防治，用 440 克/升精甲·百菌清悬浮剂
200~250 毫升/亩，或 60% 铜钙·多菌灵可湿性粉剂 500~600 倍
液，半月左右第二次灌药，每季最多用药 2 次，440 克/升精
甲·百菌清悬浮剂安全间隔期为 3 天，60% 铜钙·多菌灵可湿性
粉剂安全间隔期为 7 天。

（六）灰霉病

病原是灰葡萄孢，发病温度为 4~32℃，最适温度 22~25℃，
空气湿度达 90% 以上，植株表面结露易诱发此病。甜瓜灰霉病
发病前或发病初期用药防治，用 35% 吡唑·异菌脲悬浮剂 32~
48 毫升/亩，或 70% 异菌·腐霉利水分散粒剂 40~60 克/亩，间
隔 7~10 天用药 1 次，共用药 3 次，每季最多用药 3 次，其中
35% 吡唑·异菌脲悬浮剂安全间隔期为 7 天，70% 异菌·腐霉利
水分散粒剂安全间隔期为 10 天。

（七）细菌性角斑病

病原为丁香假单胞杆菌甜瓜角斑病致病型，生长适温 24~
28℃，发病的条件主要是湿度，尤其是下雨，如饱和湿度在 6 小
时之上，病斑大且典型。于细菌性角斑病发病前或发病初期喷
药防治，用 10% 溴硝醇可溶液剂 80~100 毫升/亩，或 30% 春雷
霉素·溴硝醇水分散粒剂 25~35 克/亩，或 50% 溴菌腈·溴硝醇
可湿性粉剂 30~40 克/亩，或 70% 春雷霉素·硫酸铜钙水分散粒
剂 60~100 克/亩，用药 3 次，每次间隔 7 天，安全间隔期为 7

天，每季最多用药 3 次。

七、菜瓜

主要病害有白粉病等。

菜瓜白粉病：病原为单囊壳白粉菌和二孢白粉菌。在菜瓜白粉病发生初期用药防治，用 4%嘧啶核苷类抗菌素水剂 400 倍液喷雾，或 20%吡唑醚菌酯悬浮剂 25~50 毫升/亩，间隔 7 天用药 1 次，连续用药 2 次，安全间隔期均为 5 天，每季最多用药 3 次。

八、丝瓜

主要病害有白粉病、霜霉病等。

（一）白粉病

病原为瓜白粉菌，适宜发病的温度范围为 10~35℃，最适发病环境，日均温度为 20~25℃，相对湿度 45%~95%，最适感病生育期在成株期至采收期。于丝瓜白粉病发病初期用药预防，20%吡唑醚菌酯悬浮剂 25~50 毫升/亩，间隔 7 天用药 1 次，连续用药 2~3 次，安全间隔期均为 5 天，每季最多用药 3 次；也可用 10%苯醚甲环唑水分散粒剂 60~80 克/亩，一般连续用药 2 次，用药间隔期为 5~7 天，安全间隔期为 7 天，每季最多用药 2 次。

（二）霜霉病

病原为古巴假霜霉菌，发生的适宜温度是 15~24℃，低于

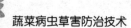

15℃、高于28℃不利于发病。丝瓜霜霉病发生前或初见零星病斑时可用药预防，250克/升嘧菌酯悬浮剂48~90毫升/亩，于病害叶面喷雾1~2次，间隔7~10天，安全间隔期为7天，每季最多用药2次。

九、苦瓜

主要病害有白粉病、霜霉病、灰霉病、疫病等。

（一）白粉病

病原为单囊壳白粉菌和二孢白粉菌。栽培地势低洼，氮肥过多或肥料不足，通风不良、植株生长过旺或生长不良也极易发病，空气湿度大，光照不足，闷热条件下也易发病。病害发生前或发病初期用药防治，用43%氟菌·肟菌酯悬浮剂20~30毫升/亩，每隔7~10天用药1次，安全间隔期为5天，每季最多用药2次；或用10%苯醚甲环唑水分散粒剂70~100克/亩，或12.5%戊唑醇水乳剂40~60毫升/亩，或25%吡唑醚菌酯悬浮剂20~40毫升/亩，或42%苯菌酮悬浮剂12~24毫升/亩，用药间隔期7天，用药2~3次，安全间隔期为5天，每季最多用药3次。

（二）霜霉病

病原为古巴假霜霉菌，苦瓜霜霉病的发病与棚室内空气湿度、温度有密切关系。春季当气温回升到15℃、棚室内空气湿度达85%以上时，便开始发病。在苦瓜霜霉病发病前或发病初期用药，用40%烯酰吗啉水分散粒剂50~75克/亩，间隔7~

10 天用药 1 次，可连续用药 2~3 次，安全间隔期为 7 天，每季最多用药 3 次；也可用 75%百菌清可湿性粉剂 100~200 克/亩，每次用药间隔 7~10 天，连续喷洒 2~3 次，安全间隔期不少于 20 天，每个周期最多用药 4 次。

（三）灰霉病

病原为灰葡萄孢菌，在棚室温度 2~30℃，空气湿度 85%以上即可发病。于苦瓜灰霉病发病前或发病初期用药防治，用 50%啶酰菌胺水分散粒剂 35~45 克/亩，用药 2~3 次，用药间隔 7~10 天，安全间隔期为 5 天，每季最多用药 3 次。

（四）疫病

病原为甜瓜疫霉，该菌生长发育适温 28~32℃，最高 37℃，最低 9℃。于苦瓜疫病发生前或初见零星病斑时开始用药防治，用 60%霜脲·嘧菌酯水分散粒剂 30~40 克/亩，间隔 7~10 天，安全间隔期为 5 天，每季最多用药 2 次。

第四节　甘蓝类蔬菜

一、花椰菜

主要病害有霜霉病等。

霜霉病：病原为寄生霜霉，发病盛期时段气温在 15~24℃。在发病前或发病初期用药防治，用 68%精甲霜·锰锌水分散粒剂 100~130 克/亩，安全间隔期为 3 天，每季最多用药 3 次；也可用 30% 烯酰吗啉可湿性粉剂 50~83 克/亩，或 35% 霜霉威盐酸盐水剂 165~206 毫升/亩，每隔 7 天左右用药 1 次，安全间隔期为 10 天，每季最多用药 3 次；或用 250 克/升嘧菌酯悬浮剂 40~72 毫升/亩，间隔 7~10 天，安全间隔期为 14 天，每季最多用药 2 次。

二、青花菜

主要病害有霜霉病等。

霜霉病：病原为十字花科植物霜霉病菌，气温 16~20℃，相对湿度大或植株表面有水滴条件下，该病易发生。于霜霉病发病初期用药，用 60% 唑醚·代森联水分散粒剂 50~60 克/亩，间隔 7~10 天用药 1 次，安全间隔期为 7 天，每季最多用药 3 次。

三、芥蓝

主要病害有霜霉病等。

霜霉病：病原为寄生霜霉或芸薹霜霉，温度 16℃ 左右，相对湿度 80% 以上适于发病。霜霉病发病前或发病初期用药防治，用 60% 唑醚·代森联水分散粒剂 50~60 克/亩，用药间隔期为 7~14 天，安全间隔期为 7 天，每季最多用药 3 次。

第五节 根菜类蔬菜

萝卜

主要病害有炭疽病等。

炭疽病：病原为希金斯刺盘孢，适宜发病的温度范围15~38℃；最适发病环境温度为25~32℃，相对湿度90%以上。最适感病期苗期至成株期，发病潜育期3~5天。可于萝卜炭疽病发生前或初见零星病斑时用药防治，可用75%戊唑·嘧菌酯水分散粒剂10~15克/亩喷雾防治，每隔7~10天用药1次，安全间隔期为14天，每季最多用药2次。

第六节 葱蒜类蔬菜

一、韭菜

主要病害有灰霉病、疫病、白绢病等。

（一）灰霉病

病原为葱鳞葡萄孢菌，属半知菌亚门真菌，病菌生长发育适温15~21℃，空气相对湿度85%以上。温度20℃和空气相对湿度 90%以上病害易流行。中国上海及长江中下游地区韭菜灰霉病的主要发病盛期在 3—6 月。年度间早春温度偏低、多阴雨、光照时数少的年份发病重。田块间 2~3 年老韭菜连作地、地势低洼、排水不良的田块发病较早较重；栽培上种植过密、通风透光差、偏施氮肥的田块发病重。特别是保护地春季阴雨连绵、气温低、关棚时间长、通风换气不良，极易引发病害。可用 50%咯菌腈可湿性粉剂 15~30 克/亩喷雾防治，连续用药 2 次，用药间隔 7~10 天，安全间隔期为 14 天，每季最多用药 2 次；或用 20%嘧霉胺悬浮剂 100~150 毫升/亩，或 30%嘧霉胺悬浮剂 67~100 毫升/亩，每隔 5~7 天用药 1 次；或用 40%嘧霉胺悬浮剂 50~75 毫升/亩喷雾防治，安全间隔期为 14 天，每季最多用药 1 次；也可以用 15%腐霉利烟剂 200~333 克/亩，或 50%腐霉利可湿性粉剂 40~60 克/亩喷雾防治（每亩兑水 20~30 千克喷药 1 次），在韭菜灰霉病发生初期用药 1 次，安全间隔期为 21 天，每季最多用药 1 次。

（二）疫病

病原为疫霉属真菌。菌丝生长最低温度 10℃，最适温度为 28~31℃，最高温度 37℃。最适气候条件为温度 25~32℃，相对湿度 90%以上。土壤含水量大，空气湿度大发病重。一般 7 月上旬下部叶开始发病，7 月末 8 月上旬病情发生严重。棚室放风排湿不及时，发病重。此外，地势洼、排水不良的地块，或雨季来临早、雨量大或放风不及时的温室容易发病。

（三）白绢病

防治韭菜白绢病时，应于发病前期或发病初期用 240 克/升噻呋酰胺悬浮剂 60~80 毫升/亩灌根 1 次，兑水量 300~600 千克/亩，安全间隔期为 14 天，每季最多用药 1 次。

二、大葱

主要病害有紫斑病、霜霉病等。

（一）紫斑病

病原为葱格孢菌。菌丝发育适温为 22~30℃，分生孢子萌发适温为 24~26℃。大葱紫斑病发病适温 25~27℃，低于 12℃则不发病。可于大葱紫斑病发病之前或初见病症时开始用药防治，用 10% 苯醚甲环唑水分散粒剂 60~80 毫升/亩，或 37% 苯醚甲环唑水分散粒剂 17~21 克/亩，或 60% 苯醚甲环唑水分散粒剂 10~13 克/米^2 喷雾防治，间隔 7 天用药 1 次，兑水量 45 千克/亩左右，安全间隔期为 21 天，每季最多用药 2 次；也可用 25% 吡唑醚菌酯悬浮剂 24~40 毫升/亩，或 30% 吡唑醚菌酯悬浮剂 20~33 毫升/亩，或 15% 多抗霉素可湿性粉剂 15~20 克/亩，或 10% 多抗霉素可湿性粉剂 22.5~30 毫升/亩，或 3% 多抗霉素可湿性粉剂 75~100 克/亩，或 1.5% 多抗霉素可湿性粉剂 150~200 克/亩喷雾防治，间隔 7 天用药 1 次，兑水量 45 千克/亩，连续用药 2 次，安全间隔期为 14 天，每季最多用药 2 次。

（二）霜霉病

病原为葱霜霉菌，冬季高温多雨或 3—4 月高温多雨年份常有病害发生。平均气温 15℃时，春秋各发生 1 次病害，尤其在 4—5 月降雨多时，容易发病。可于大葱霜霉病发病之前或初见病症时开始用药防治，用 25% 吡唑醚菌酯悬浮剂 24~40 毫升/亩，或 30% 吡唑醚菌酯悬浮剂 20~33 毫升/亩，或 30% 烯酰吗啉可湿性粉剂 50~80 克/亩，或 50% 烯酰吗啉可湿性粉剂 30~50克/亩喷雾防治，间隔 5~7 天用药 1 次，连续用药 2 次，安全间隔期为 14 天，每季最多用药 2 次。

三、洋葱

主要病害有霜霉病、紫斑病、疫病、锈病等。

（一）霜霉病

病原为葱霜霉菌，是洋葱生长后期的主要疾病，随着温度的升高，洋葱霜霉病将进入高发期。可于洋葱霜霉病发病之前或初见病症时开始用药防治，用 80% 烯酰吗啉水分散粒剂 32~48 克/亩，或 70% 烯酰·霜脲氰（霜脲氰 20%、烯酰吗啉50%）水分散粒剂 20~30 克/亩，或 50% 烯酰吗啉水分散粒剂32~48 克/亩，或 30% 吡唑醚菌酯悬浮剂 25~33 克/亩，或 25%吡唑醚菌酯悬浮剂 30~40 毫升/亩，或 20% 吡唑醚菌酯悬浮剂37.5~50 克/亩喷雾防治，间隔 7 天用药 1 次，兑水量为 30~50千克/亩，连续用药 2~3 次，安全间隔期为 7~10 天，每季用药不超过 2~3 次。

（二）紫斑病

病原为葱链格孢菌。发病条件为温暖多湿，低于 12℃ 则不发病。北方地区多在 5—6 月发病，华南地区发病期为 4—5 月。可于洋葱紫斑病发病之前或初见病症时开始用药防治，用

42.4%唑醚·氟酰胺（氟唑菌酰胺 21.2%、吡唑醚菌酯 21.2%）悬浮剂 15~30 毫升/亩，或 10%苯醚甲环唑水分散粒剂 30~75 克/亩喷雾防治，兑水量 45~60 千克/亩，可用药 3 次，间隔 7~10 天用药 1 次，安全间隔期为 10 天，每季用药 3 次；也可用 43%氟菌·肟菌酯（氟吡菌酰胺 21.5%、肟菌酯 21.5%）悬浮剂 20~30 毫升/亩喷雾防治，配药时采用二次稀释法，在葡萄粒黄豆大小之前完成用药，用药液量不超过 25 毫升/亩，按稀释倍数用药，每隔 7~10 天用药 1 次，安全间隔期为 14 天，每季最多用药 2 次。

（三）疫病

病原为烟草疫霉，病菌适宜高温高湿的环境，适宜发病的温度为 12~36℃，最适温度 25~32℃。相对湿度在 90%以上，成株期至采收期发病最重。浙江及长江中下游地区主要发生在 5—7 月。可用 687.5 克/升氟菌·霜霉威（氟吡菌胺 62.5 克/升、霜霉威盐酸盐 625 克/升）悬浮剂 80~100 毫升/亩喷雾防治，40~60 千克/亩，原包装摇匀，采用"二次法"稀释配药，每隔 7~10 天用药 1 次，安全间隔期为 14 天。

（四）锈病

病原为葱柄锈菌。主要以冬孢子在病残体上越冬，而后冬孢子萌发可产生担子和担孢子，借气流传播。南方地区以夏孢子或菌丝体在田间病株上越冬，翌年春季以夏孢子飞散传播。在春、秋两季低温多雨时期容易发病，肥力不足、生长不良的植株发病较重。可于洋葱锈病发病之前或初见病症时开始用药防治，用 75% 戊唑·嘧菌酯（嘧菌酯 25%、戊唑醇 50%）水分散粒剂 10~25 克/亩喷雾防治，叶面喷雾 1~2 次，间隔 7~10 天，安全间隔期为 14 天，每季最多用药 2 次。

四、大蒜

主要病害有叶枯病、根腐病、锈病、疫病等。

（一）叶枯病

病原无性阶段为匍柄霉，有性阶段为枯叶格孢腔菌。该病发生的适宜温度为 15~20℃，湿度 80% 以上多雨、高温条件下感染迅速，发病迅速，传播快。可于大蒜叶枯病发病之前或初见病症时开始用药防治，用 10% 苯醚甲环唑水分散粒剂 30~45 克/亩，或 60% 唑醚·代森联（吡唑醚菌酯 5%、代森联 55%）水分散粒剂 60~100 克/亩，或 50% 咪鲜胺锰盐可湿性粉剂 50~60 克/亩喷雾防治，用药次数 2~3 次，用药间隔期 7~10 天，兑水量 45~75 千克/亩，安全间隔期为 21 天，每季最多用药 2~3 次；可用 25% 咪鲜胺油乳 100~120 克/亩喷雾防治，于病害发生初期用药，视病害发生情况，连续用药 2~3 次，用药间隔期 7~10 天，推荐用水量为 30~45 升/亩，安全间隔期为 45 天，最多用药次数为 3 次；也可用 75% 肟菌·戊唑醇（戊唑醇 50%、肟菌酯 25%）水分散粒剂 10~20 克/亩喷雾防治，蔬菜、马铃薯和西瓜兑水 45~60 千克/亩，进行叶面均匀喷雾处理，在病害发生初期开始用药，间隔 7~10 天用药 1 次，安全间隔期为 10 天，每季最多用药 3 次。

（二）根腐病

病原为镰刀菌属真菌，适宜温度在 4~39℃，对温度的适应范围非常快，对湿度的要求比较高。可用 24%苯醚·咯·噻虫（苯醚甲环唑 0.8%、咯菌腈 0.8%、噻虫嗪 22.4%）悬浮种衣剂 200~250 毫升/100 千克种子，或 27%苯醚·咯·噻虫（苯醚甲环唑 2.2%、咯菌腈 2.2%、噻虫嗪 22.6%）悬浮种衣剂 100~200 毫升/100 千克种子防治。种子包衣方法：照播种量，量取推荐用量的药剂，加入适量水稀释并搅拌均匀成药浆［药浆种子比为 1：（50~100），即 100 千克种子对应的药浆为 1~2 升］，将种子倒入，充分搅拌均匀，晾干后即可播种。

（三）锈病

病原为葱柄锈菌。夏孢子萌发温限 6~27℃，适宜侵入温度 10~23℃。在湿度大或有水滴时，9~19℃可侵入，干燥条件下，夏孢子可抵抗 16℃以下低温；有报道田间干葱叶上的夏孢子，越冬后仍有 25%存活。在中国上海及长江中下游地区，大蒜锈病的主要发病盛期为 3—6 月、10—11 月。防治可用 18.7%丙环·嘧菌酯（嘧菌酯 7%、丙环唑 11.7%）悬浮剂 30~60 毫升/亩，或 325 克/升苯甲·嘧菌酯（嘧菌酯 200 克/升、苯醚甲环唑 125 克/升）悬浮剂 20~40 毫升/亩，或 75%戊唑·嘧菌酯（嘧菌酯 25%、戊唑醇 50%）水分散粒剂 10~15 克/亩喷雾防治，病害发生前或发生初期兑水量 30 千克/亩，叶面喷雾 2 次，间隔 7~10 天，每季最多用药 2 次，安全间隔期蒜薹 7 天、青蒜 10 天、大蒜 14 天。

（四）疫病

病原为葱疫霉，属鞭毛菌亚门真菌。病菌喜高温、高湿条件，发病适温为 25~32℃，相对湿度高于 95% 并有水滴存在条件下易发病。可于大蒜疫病发病之前或初见病症时开始用药防治，用 30% 吡唑酯·氟醚菌（吡唑醚菌酯 25%、氟醚菌酰胺 5%）微囊悬浮–悬浮剂 25~30 毫升/亩喷雾防治，可用药 2~3 次，间隔 7~10 天，兑水量为 30 千克/亩，用药间隔期 7~14 天，安全间隔期为 10 天，每季最多用药 3 次。

第七节 绿叶菜类蔬菜

一、菠菜

主要病害有霜霉病等。

霜霉病：病原为菠菜专化型寄生霜霉菌。适宜发病的温度范围为 3~30℃；最适发病环境日均温度为 7~15℃，相对湿度 85% 以上。中国上海及长江中下游地区菠菜霜霉病的主要发病盛期在 3—5 月及 9—12 月，春季一般发生较轻，秋季 9—12 月发生偏重。可于菠菜霜霉病发病之前或初见病症时开始用药防治，用 66.5% 霜霉威盐酸水剂 90~120 毫升/亩，或 722 克/升霜霉威盐酸盐水剂 90~120 毫升/亩，或 605 克/升霜霉威可溶液剂 90~120 毫升/亩（用水量 30~40 千克/亩），或 35% 霜霉威盐酸盐水剂 180~245 毫升/亩，或 40% 烯酰吗啉水分散粒剂 37.5~43.75 克/亩，或 50% 烯酰吗啉水分散粒剂 30~35 克/亩，或 80% 烯酰吗啉水分散粒剂 18.8~21.9 克/亩，或 50% 烯酰吗啉可湿性粉剂 30~35 克/亩喷雾防治，间隔 6~7 天，可连续用药 2~3 次。

二、莴苣

主要病害有霜霉病、菌核病等。

（一）霜霉病

病原为莴苣盘梗霉，适宜发病温度范围 1~25℃；最适发病环境，温度为 15~19℃，相对湿度为 90% 以上。上海及长江中下游地区莴苣霜霉病的主要发病盛期在 3—5 月及 10—12 月。可于莴苣霜霉病发病之前或初见病症时开始用药防治，用 20% 吡唑醚菌酯悬浮剂 37.5~50 毫升/亩，或 25% 吡唑醚菌酯悬浮剂 30~40 毫升/亩，或 30% 吡唑醚菌酯悬浮剂 25~33 毫升/亩，或 0.3% 丁子香酚可溶液剂 100~120 毫升/亩，或 80% 烯酰吗啉水分散粒剂 25~35 克/亩喷雾防治，推荐用水量 40~50 千克/亩，用药间隔期 7~10 天，安全间隔期为 10 天，每季最多用药 2~3 次；也可用 50% 氟醚菌酰胺水分散粒剂 6~12 克/亩喷雾，安全间隔期为 14 天，用药间隔期 5 天，兑水量 30~50 千克/亩，每季最多用药 2 次。

（二）菌核病

病原为核盘菌。适宜发病的温度范围 0~30℃；最适发病环

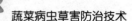

境温度为 20～25℃，相对湿度 90% 以上；最适感病生育期成株期至开花坐果期，发病潜育期 5～8 天。子囊孢子萌发的适宜温度 5～10℃，菌核萌发适温 15℃。可于茎用莴苣菌核病发病之前或初见病症时开始用药防治，用 50% 腐霉利可湿性粉剂 45～60 克/亩喷雾防治，可用药 2 次，间隔 7～10 天，重点喷茎基部、叶片背面（用水量 40～50 千克/亩），安全间隔期为 14 天，每季最多用药 2 次。

三、芹菜

主要病害有斑枯病、立枯病等。

（一）斑枯病

病原为壳针孢菌。孢子生长发育适宜温室为 23～27℃，致死温度是 42℃处理 20min。菌丝生长的 pH 值为 3～10，适宜 pH 值为 4～6，在 20～25℃冷凉温度和 90% 以上湿度条件下，病害易发生。可于芹菜斑枯病发病之前或初见病症时开始用药防治，用 25% 咪鲜胺乳油 50～70 毫升/亩喷雾，安全间隔期 10 天，每季最多用药 3 次；或 10% 苯醚甲环唑水分散粒剂 35～45 克/亩喷雾，兑水量 30～45 千克/亩，间隔 7～10 天用药 1 次，连续用药 2～3 次，避免采花期用药，安全间隔期为 5 天，每季最多用药 3 次；也可用 30% 苯醚甲环唑水分散粒剂 12～15 克/亩，或 37% 苯醚甲环唑水分散粒剂 9.5～12 克/亩喷雾防治，兑水量为 40～50 千克/亩，安全间隔期为 14 天，每季最多用药 3 次。

（二）立枯病

50% 克菌丹可湿性粉剂 9～13 克/米² 撒施，芹菜播种时药土

法用药，用药量加 20～30 克/米² 细土充分搅拌均匀，其中 1/3 的量撒于苗床底部，2/3 的量覆盖在种子上面，安全间隔期为芹菜收获期，每季最多用药 1 次。

四、蕹菜

主要病害有白锈病等。

白锈病：病原为蕹菜白锈菌。适宜发病的温度范围 18～35℃；最适发病环境，温度为 22～30℃，相对湿度 95% 以上；最适感病生育期成株期，发病潜育期 5～10 天。孢子囊萌发最适温度 25～30℃。中国上海及长江中下游地区蕹菜白锈病的主要发病盛期在 5—10 月。可于蕹菜白锈病发病前或零星发病时用药防治，用 50% 嘧菌酯水分散粒剂 22～33 克/亩，或 60% 嘧菌酯水分散粒剂 17～27 克/亩，或 80% 嘧菌酯水分散粒剂 12.5～20 克/亩喷雾防治，喷雾 1 次，安全间隔期为 7 天。

五、茼蒿

主要病害有霜霉病等。

霜霉病：病原为莴苣盘梗菌。喜温暖潮湿的环境，适宜发病的温度范围 5～25℃；最适发病环境温度为 10～22℃，相对湿度 90% 以上；最适感病生育期成株期至采收期，发病潜育期 3～10 天。在中国上海及长江中下游地区茼蒿霜霉病的主要发病盛期在 3—5 月、9—12 月。可于茼蒿霜霉病发病之前或初见病症时开始用药防治，用 50% 烯酰吗啉水分散粒剂 40～56 克/亩，或 80%烯酰吗啉水分散粒剂 25~35 克/亩喷雾防治，兑水量为 30~50 千克/亩，喷雾用药 2 次，间隔 7~10 天，安全间隔期为 5 天，每季最多用药 2 次；也可用 30%吡唑醚菌酯悬浮剂 25~33 毫升/亩，或 25%吡唑醚菌酯悬浮剂 30~40 毫升/亩，或 20%吡唑醚菌酯悬浮剂 37.5~50 毫升/亩喷雾防治，连续用药 2~3 次，间隔 7~10 天，茼蒿用水量 30~50 千克/亩，安全间隔期为 10 天，每季最多用药 3 次。

第八节　豆类蔬菜

一、菜豆

主要病害有白粉病、锈病等。

（一）白粉病

病原为核盘菌，适宜发病的温度范围 20~25℃，相对湿度在 75%~85%，在潮湿、多雨或田间积水，植株生长茂密的情况下易发病。在菜豆白粉病发病初期开始用药，用 400 克/升氟硅唑乳油 7.5~10 克/亩喷雾防治，每隔 7~10 天用药 1 次，共计 2~3 次。或用 10%氟硅唑水乳剂 40~50 毫升/亩喷雾防治。

（二）锈病

病原为单胞锈菌属真菌，适宜发病的温度范围 16~22℃，相对湿度为 95%以上。在菜豆锈病发病前或初期开始用药，用

10%苯醚甲环唑水分散粒剂50~83克/亩喷雾防治，安全间隔期为7天，每季最多用药3次；用12%苯甲·氟酰胺（7%氟唑菌酰胺+5%苯醚甲环唑）悬浮剂40~67毫升/亩喷雾防治，间隔10~14天，连续用药2次，安全间隔期为7天，每季最多用药2次。

二、长豇豆

主要病害有锈病、褐斑病、炭疽病、白粉病等。

（一）锈病

病原为豇豆单胞锈菌，发病温度范围21~32℃，最适宜的发病环境温度为23~27℃，相对湿度95%以上，最适感病生育期开花结荚到采收中后期，发病潜育期7~10天。于长豇豆病害发生初期用药，用70%硫黄·锰锌（28%代森锰锌+42%硫黄）可湿性粉剂150~200克/亩喷雾防治，每15天喷1次，连续使用最多不得超过3次；用50%硫黄·锰锌（代森锰锌20%+硫黄30%）可湿性粉剂250~280克/亩，或60%唑醚·锰锌（吡唑醚菌酯5%+代森锰锌55%）水分散粒剂80~100克/亩，或40%腈菌唑可湿性粉剂13~20克/亩，或20%噻呋·吡唑酯（吡唑醚菌酯10%+噻呋酰胺10%）悬浮剂40~50毫升/亩，或29%吡萘·嘧菌酯（嘧菌酯17.8%+吡唑萘菌胺11.2%）悬浮剂45~60毫升/亩喷雾防治，每隔7~10天喷药1次，连续用药3次，安全间隔期为3天；用75%戊唑·嘧菌酯（嘧菌酯25%+戊唑醇50%）水分散粒剂10~15克/亩喷雾防治，安全间隔期为7天，

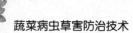
每季最多用药 2 次。

（二）褐斑病

病原为豆煤污球腔菌，适宜发病的温度范围 20~25℃，相对湿度为 85% 以上。于长豇豆褐斑病发生初期用药，用 200 克/升氟酰羟·苯甲唑（氟唑菌酰羟胺 75 克/升＋苯醚甲环唑 125 克/升）悬浮剂 30~60 毫升/亩喷雾防治，可用药 2 次，用药间隔 10 天左右，安全间隔期为 7 天，每季最多用药 3 次。

（三）炭疽病

病原为平头炭疽菌等，适宜发病的温度范围 20℃ 以上，相对湿度为 95% 以上。于长豇豆炭疽病发生前或刚见零星病斑时开始用药。用 43% 氟菌·肟（氟吡菌酰胺 21.5%＋肟菌酯 21.5%）悬浮剂 20~30 毫升/亩喷雾防治，每隔 7~10 天用药 1 次，安全间隔期为 3 天，每季最多用药次数 2 次。用 325 克/升苯甲·嘧菌酯（嘧菌酯 200 克/升＋苯醚甲环唑 125 克/升）悬浮剂 40~60 毫升/亩喷雾防治，安全间隔期为 7 天，每季最多用药 3 次。

（四）白粉病

病原为蓼白粉菌，适宜发病的温度范围 20~25℃，相对湿度在 75%~85%，于长豇豆白粉病发病初期开始用药防治，用 0.4% 蛇床子素可溶液剂 600~800 倍液/亩喷雾防治，可连续用药 2~3 次，间隔 7~10 天。

三、大豆

主要病害有根腐病、炭疽病、锈病、立枯病、叶斑病、孢囊线虫病、紫斑病等。

（一）根腐病

病原为疫霉菌、腐霉菌、镰刀菌、立枯丝核菌等，适宜发病的温度范围 24～28℃。于大豆播种前，用 25%多·福·克（多菌灵 10%+福美双 10%+克百威 5%）悬浮种衣剂 1∶（40～50）（药种比）/亩种子包衣；或用 26%多·福·克（多菌灵 8%+福美双 11%+克百威 7%）悬浮种衣剂 2 000～2 500 克/千克种子包衣；或 28%多·福·克（多菌灵 5%+福美双 11%+克百威 12%）悬浮种衣剂 1∶（40～50）（药种比）种子包衣。每亩用 30%多·福·克（多菌灵 15%+福美双 10%+克百威 5%）悬浮种衣剂每亩 1 667～2 550 克/100 千克种子包衣，最高用药量 1∶40（药种比），安全间隔期为 130 天；或用 35%多·福·克（多菌灵 15%+福美双 10%+克百威 10%）悬浮种衣剂每亩 1 200～1 500 克/100 千克种子包衣，用药量为种子量的 1.2%～1.5%，既可机械包衣，也可人工包衣。

（二）炭疽病

病原为炭疽菌属真菌，适宜发病的温度范围 20～30℃，相对湿度为 88%以上。于大豆炭疽病出现前用药防治，用 75%代森锰锌水分散粒剂 100～133 克/亩喷雾，每隔 7～10 天用药 1 次，共计 3 次。

（三）锈病

病原为豆薯层锈菌，适宜发病的温度范围 15～26℃，相对湿度 95%以上。于大豆锈病出现前用药防治，用 300 克/升苯甲·

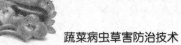

丙环唑（苯醚甲环唑 150 克/升+丙环唑 150 克/升）乳油 20~30 毫升/亩喷雾，每季最多用药 3 次，安全间隔期为 30 天；或用 250 克/升嘧菌酯悬浮剂 40~60 毫升/亩喷雾，间隔 7~10 天，安全间隔期为 14 天，最多用药 3 次。

（四）立枯病

病原为立枯丝核菌，适宜发病的温度范围 18~30℃。于大豆播种前药剂稀释后种子包衣处理，每亩用 70%噁霉灵种子处理干粉剂 100~200 克/100 千克种子包衣。

（五）叶斑病

病原为大豆球腔菌，适宜发病的温度范围 25~28℃。于大豆叶斑病发病前或发病初期用药防治，用 250 克/升吡唑醚菌酯乳油 30~40 毫升/亩喷雾，间隔 7~10 天连续用药，每季用药 2 次；或用 17%唑醚·氟环唑（吡唑醚菌酯 12.3%+氟环唑 4.7%）悬浮剂 40~60 毫升/亩喷雾，用药 3 次，用药间隔 7 天左右；或用 18.7%丙环·嘧菌酯（嘧菌酯 7%+环唑 11.7%）悬乳剂 30~60 毫升/亩喷雾，用药间隔 7~10 天，安全间隔期为 21 天，每季最多用药 3 次。

（六）孢囊线虫病

病原线虫是一种定居型内寄生线虫，大豆孢囊线虫发育最适温度为 17~18℃，最适土壤湿度为 60%~80%。于大豆播种前，用含 5 200 亿 CFU/克苏云金杆菌 3 000~5 000 克/亩沟施。用苏云金杆菌 4 000 IU/克悬浮种衣剂 1∶（60~80）（药种比）/亩种子包衣；或用 20.5%多·福·甲维盐（多菌灵 10%+

福美双 10%+甲氨基阿维菌素苯甲酸盐 0.5%）悬浮种衣剂药种比 1：（60~80）/亩种子包衣。

（七）紫斑病

病原为菊池尾孢，适宜发病的温度范围 24~28℃。于大豆紫斑病出现前用药防治，用 80%乙蒜素乳油 5 000 倍液/亩浸种。

四、豌豆

主要病害有白粉病等。

白粉病：病原为子囊菌亚门真菌，适宜发病的气候条件为温度 16~25℃，相对湿度 80%以上。于豌豆白粉病发病前或初见病斑时用药防治，用 42%苯菌酮悬浮剂 12~24 毫升/亩喷雾，间隔 7~10 天，安全间隔期为 5 天，每季最多用药 3 次。

五、蚕豆

主要病害有霜霉病等。

霜霉病：病原为野豌豆霜霉蚕豆专化型，雨季适宜发病，气温 20~24℃。于蚕豆开花结荚期或发病初期开始用药，用 20%氰霜唑悬浮剂 35~40 毫升/亩，或 100 克/升氰霜唑悬浮剂 70~80 毫升/亩喷雾，每次用药间隔 7~11 天，安全间隔期为 7 天，每季最多用药 2 次。

第九节　薯芋类蔬菜

一、马铃薯

主要病害有早疫病、晚疫病、黑胫病、黑痣病、茎线虫病、环腐病、病毒病、干腐病、疮痂病等。

（一）早疫病

病原为茄链格孢菌，适宜的发病温度24~30℃，相对湿度80%以上，潜育期2~3天。于病害发生前或初见零星病斑时用药，用20%嘧菌酯水分散粒剂45~60克/亩，或400克/升戊唑·咪鲜胺（咪鲜胺267克/升+戊唑醇133克/升）水乳剂20~30毫升/亩，或18.7%烯酰·吡唑酯（6.7%吡唑醚菌酯+烯酰吗啉12%）水分散粒剂75~125克/亩，或19%烯酰·吡唑酯（6.7%吡唑醚菌酯+烯酰吗啉12.3%）水分散粒剂75~125克/亩，或45%烯酰·吡唑酯（15%吡唑醚菌酯+烯酰吗啉30%）水分散粒剂40~50克/亩喷雾，间隔7~10天连续用药，安全间隔期为14天，每季最多用药3次；或用65%代森锌可湿性粉剂98~123克/亩，或70%丙森锌可湿性粉剂150~200克/亩喷雾，间隔期为7~10天，每季最多用药3次；或用250克/升嘧菌酯悬浮剂30~50毫升/亩播种时喷雾沟施，每季最多用药3次，间隔期为7~10天；或用24%苯甲·烯肟（苯醚甲环唑16%+烯肟菌胺8%）悬浮剂30~50毫升/亩喷雾，安全间隔期为14天，每季最多用药2次。

（二）晚疫病

病原为疫霉属真菌，适宜的发病温度20~24℃，相对湿度70%以上。在马铃薯晚疫病发病前或发病初期用药，用5%香芹酚水剂40~50毫升/亩喷雾，连续用药3次；或用500克/升氟啶胺悬浮剂30~33毫升/亩喷雾，用药间隔期为7~10天，每季最多用药4次；或用40%氟啶胺悬浮剂35~40毫升/亩，或50%氟啶胺水分散粒剂27~33克/亩，或50%氟啶胺悬浮剂25~35毫升/亩，或70%氟啶胺水分散粒剂20~28克/亩喷雾，安全间隔期为7天，每季最多用药3次；或用40%烯酰·嘧菌酯（嘧菌酯20%+烯酰吗啉20%）悬浮剂375~450毫升/亩喷雾，用药间隔期为7~14天，安全间隔期为5天，每季最多用药3次。

（三）黑胫病

病原为软腐果胶菌，适宜的发病温度25~27℃，相对湿度70%以上。在马铃薯黑胫病发病初期开始喷药，用6%春雷霉素可湿性粉剂37~47克/亩喷雾，每隔7天施1次，安全间隔期为14天；或用20%噻菌铜悬浮剂100~125毫升/亩喷雾，安全间隔期为14天，每季用药3次；或用6%中生菌素可溶液剂30~50毫升/亩喷雾，用药3次，间隔7~10天；或用12%中生菌素可湿性粉剂20~34克/亩喷雾，用药2次，间隔7天左右；或用50%烯酰·膦酸铝（三乙膦酸铝42%+烯酰吗啉8%）可湿性粉剂37.5~50克/亩喷雾，安全间隔期为7天，每季最多用药1

次；或用 12% 噻霉酮水分散粒剂 15~25 克/亩喷雾，连续用药 2 次，间隔 7 天左右用药 1 次，安全间隔期为 5 天，每季最多用药 2 次；或用 20% 噻唑锌悬浮剂 80~120 克/亩喷雾，开沟下种后，向种薯和种薯两侧沟面喷药后覆土，幼苗发病前或初期进行全株喷雾，一般间隔 7~10 天再用 1 次，兑水量 30~50 千克/亩。

（四）黑痣病

病原为立枯丝核菌，适宜的发病温度 26~30℃，相对湿度 70% 以上。在马铃薯黑痣病发病初期开始喷药，用 3% 嘧菌酯·萎锈灵（嘧菌酯 0.5%+萎锈灵 2.5%）颗粒剂 900~1 200 克/亩沟施，每季最多用药 1 次；每亩用 6% 精甲·咯·嘧菌（嘧菌酯 3.6%+咯菌腈 0.6%+精甲霜灵 1.8%）悬浮种衣剂 150~200 毫升/100 千克种子种薯包衣；每亩用 11% 精甲·咯·嘧菌（嘧菌酯 6.6%+咯菌腈 1.1%+精甲霜灵 3.3%）悬浮种衣剂 70~100 毫升/100 千克种子种薯包衣；或用 0.6% 咯菌·嘧菌酯（嘧菌酯 0.5%+咯菌腈 0.1%）颗粒剂 3 000~4 000 克/亩沟施，每季最多用药 1 次；或用 59% 烯酰·霜霉威（烯酰吗啉 9%+霜霉威盐酸盐 50%）悬浮剂 67~80 毫升/亩喷雾，作物每季最多用药 2 次，安全间隔期为 7 天；或用 0.8% 精甲·嘧菌酯（嘧菌酯 0.5%+精甲霜灵 0.3%）颗粒剂 3 000~4 000 克/亩沟施，于播种前翻整土壤，使土壤颗粒松细均匀，按推荐剂量将药剂与少量细沙混匀，均匀施于土壤深度 5~10 厘米后播种。

（五）茎线虫病

病原为马铃薯腐烂线虫，适宜的发病温度 15~20℃，相对湿度 90% 以上。在马铃薯茎线虫病发病前或发病初期用药,用 30% 辛硫磷微囊悬浮剂 1 250～1 500 克/亩浸种、沟施,每季最多用药 1 次。

(六)环腐病

病原为环腐棒杆状菌,适宜的发病温度 20～30℃。在马铃薯环腐病发病前或发病初期用药防治,每亩用 70% 甲基硫菌灵可湿性粉剂 80～100 克/100 千克种薯拌种薯,每季最多用药 1 次,安全间隔期为收获期;或用 45% 敌磺钠湿粉 1:(225～450)(药种比)/亩拌种;或用 70%/50% 敌磺钠 1:333(药种比)/亩拌种;或用 36% 甲基硫菌灵悬浮剂 800 倍液/亩浸种。

(七)病毒病

病原为马铃薯 X 病毒、马铃薯 S 病毒、马铃薯 A 病毒、马铃薯 Y 病毒、马铃薯卷叶病毒等,于马铃薯病毒病发生前用药防治,用 1% 氨基寡糖素可溶液剂 400～500 毫升/亩喷雾,每季用药次数 3 次;或用 6% 寡糖·链蛋白(氨基寡糖素 3%+极细链格孢激活蛋白 3%)可湿性粉剂 60～90 克/亩喷雾,间隔 7 天左右用药 1 次,连续用药 2～3 次;或用 20% 毒氟磷悬浮剂 80～100 毫升/亩喷雾,安全间隔期为 14 天,用药间隔期为 7～10 天,每季用药 2 次。

(八)干腐病

病原为尖孢镰刀菌,适宜的发病温度 25～30℃,相对湿度 70% 以上。于马铃薯干腐病发生前用药防治,每亩用 10% 抑霉唑水剂 150～200 毫升/吨马铃薯薯块喷雾,安全间隔期为 60 天,

每季最多用药 1 次。

（九）疮痂病

病原为链霉菌，适合该病发生的温度为 25～30℃，中性或微碱性沙壤土发病重。于马铃薯疮痂病发生前用药防治，用 10 亿 CFU/克解淀粉芽孢杆菌 QST713 悬浮剂 350～500 毫升/亩沟施，于播种时，将药剂直接喷淋在种薯上，后覆土。

二、姜

主要病害有炭疽病、瘟病/腐烂病/青枯病、叶枯病、茎基腐病、叶斑病、白绢病、根腐病等。

（一）炭疽病

病原为半知菌辣椒刺盘孢真菌，适宜发病的温度范围 21～30℃，易发生在生姜生长后期。于姜炭疽病发生前或发生初期用药防治，用 250 克/升嘧菌酯悬浮剂 40～60 毫升/亩喷雾，用药 2 次，间隔 7～10 天；或用 450 克/升咪鲜胺水乳剂 30～45 毫升/亩，或 30% 吡唑醚菌酯悬浮剂 17～25 毫升/亩喷雾，喷雾 2 次，间隔 7～10 天，安全间隔期为 14 天，每季最多用药 2 次；或用 25% 咪鲜胺水乳剂 54～81 毫升/亩，或 75% 戊唑·嘧菌酯（嘧菌酯 25%+戊唑醇 50%）水分散粒剂 10～15 克/亩喷雾，间隔 7～10 天，连续用药 2 次，安全间隔期为 14 天，每季最多用药 2 次；或用 25% 吡唑醚菌酯悬浮剂 20～30 毫升/亩喷雾，间隔 7 天左右，连续用药 2 次，安全间隔期为 14 天，每季最多用药 2 次；或用 325 克/升苯甲·嘧菌酯（嘧菌酯 200 克/升+苯醚甲环唑

125 克/升）悬浮剂 40～60 毫升/亩喷雾，安全间隔期为 14 天，每季最多用药 3 次。

（二）瘟病/腐烂病/青枯病

病原为青枯假单胞杆菌，发病的适宜温度为 20～30℃，8—9 月高温季节高发。于病害发生前或发生初期用药防治，用 8 亿个/克蜡质芽孢杆菌可湿性粉剂 240～320 克制剂/100 千克种姜浸泡种姜 30 分钟或 400～800 克制剂/亩顺垄灌根；或用硫酸铜钙 77% 可湿性粉剂 600～800 倍液/亩喷淋灌根，安全间隔期为 30 天，每季最多用药 4 次；或用 10 亿 CFU/克多黏类芽孢杆菌可湿性粉剂 750～1 000 克/亩灌根，在种植期、出苗期、三股权期和大培土期用药，每株用水量 150～200 毫升，灌根使用，共用药 4 次；或用多黏类芽孢杆菌 KN-03 悬浮剂 3 000～4 000 毫升/亩灌根，于发病初期灌根，可连续用药 2～3 次，间隔 10 天左右；或用 20% 噻森铜悬浮剂 500～600 倍液/亩灌根，安全间隔期为 28 天，每季最多用药 3 次；或用 46% 氢氧化铜水分散粒剂 1 000～1 500 倍液喷淋、灌根，移栽后发病前，每株姜用 200～300 毫升液顺茎基部均匀喷淋灌根，每次用药间隔 15 天，连续灌根 3 次，安全间隔期为 28 天；或用 100 亿个/克枯草芽孢杆菌可湿性粉剂 75～100 克/亩灌根，可用药 3 次，间隔 7～10 天用药 1 次。

（三）叶枯病

病原为姜球腔菌，适宜的发病温度为 20～25℃。姜叶枯病发病前或发病初期用药防治，用 50% 甲基硫菌灵可湿性粉剂 40～80 克/亩喷雾，一周左右喷 1 次，连续喷药 2 次，安全间隔期为

14 天，每季最多用药 2 次；或用 70% 甲基硫菌灵可湿性粉剂 30~57 克/亩喷雾，或 80% 甲基硫菌灵可湿性粉剂 25~50 克/亩喷雾，喷雾 2 次，间隔 7 天，安全间隔期为 14 天，每季最多用药 2 次；或用 10% 苯醚甲环唑水分散粒剂 30~60 克/亩喷雾，或 30% 苯醚甲环唑水分散粒剂 10~20 克/亩喷雾，或 60% 苯醚甲环唑水分散粒剂 5~10 克/亩喷雾，安全间隔期为 14 天，每季最多用药 2 次；或用 37% 苯醚甲环唑水分散粒剂 8~16 克/亩喷雾，用药间隔期为 7~10 天，可连续用药 2 次，安全间隔期为 14 天，每季最多用药 2 次。

（四）茎基腐病

病原为群结腐霉，适宜的发病温度为 20~25℃。姜茎基腐病发病前或发病初期用药防治，用 1% 精甲·噁霉灵（噁霉灵 0.7%+精甲霜灵 0.3%）颗粒剂 3 000~5 000 克/亩喷雾，在姜种植前用药 1 次，将药剂与适量细土混合均匀后，撒施于种植沟内，每季最多用药 1 次；或用 39% 精甲·嘧菌酯（嘧菌酯 28.2%+精甲霜灵 10.8%）悬浮剂 3 000~4 000 倍液浸种，于播种前浸种，以浸透种姜为宜，浸泡 30 分钟左右，晾干后种植。

（五）叶斑病

病原为姜茎点霉，适宜的发病温度为 25~30℃。于姜叶斑病发病前或初期用药防治，用 60% 唑醚·代森联（吡唑醚菌酯 5%+代森联 55%）水分散粒剂 60~100 克/亩喷雾，间隔 7 天连续用药，安全间隔期为 14 天，每季最多用药 3 次。

（六）白绢病

真菌性病害，病原为齐整小核菌，适宜的发病温度为 30~

35℃。于姜白绢病发病前或初期用药防治，用35%噻呋酰胺悬浮剂10~20毫升/亩茎基部喷淋，于发病初期进行茎基部喷淋，亩用水量50千克/亩。在姜上的安全间隔期为21天，每季最多用药1次。

（七）根腐病

病原为疫霉菌、腐霉菌、镰刀菌、立枯丝核菌，适宜发病的温度范围24~28℃。在姜根腐病发病前或发病初期用药1次，用30%精甲·嘧菌酯（嘧菌酯20%+精甲霜灵10%）悬乳剂45~75毫升/亩兑水灌根。

三、芋

主要病害有晚疫病/疫病、软腐病等。

（一）晚疫病/疫病

属真菌性病害，病原为芋疫霉菌，在每年梅雨季节和盛夏期间发生。于晚疫病发病前或零星发病时开始用药，用25%甲霜·霜霉威（甲霜灵15%+霜霉威盐酸盐10%）可湿性粉剂150~180克/亩喷雾，安全间隔期为14天，每季最多用药3次；或用25%嘧菌酯悬浮剂45~60毫升/亩，或30%嘧菌酯悬浮剂37.5~50毫升/亩喷雾，或50%嘧菌酯悬浮剂22.5~30毫升/亩喷雾，间隔7~10天，连续用药3次，安全间隔期为45天，每季用药3次；或用80%烯酰吗啉水分散粒剂20~25克/亩喷雾，每隔7~10天连喷2~3次，安全间隔期为28天，每季最多用药3次。

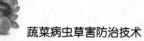

(二) 软腐病

病原为胡萝卜软腐欧文氏菌胡萝卜软腐致病型，发病适宜温度为 25～30℃。于软腐病发病前或初期进行喷雾用药，用 20%噻菌铜悬浮剂 300～500 倍液喷雾，每季最多用药 2 次，安全间隔期为 14 天；或用噻唑锌 40%悬浮剂 600～800 倍液/亩喷淋或喷雾，间隔 7～10 天用药 1 次，连续 2～3 次，安全间隔期为 14 天。

四、山药

主要病害有炭疽病、褐斑病、黑斑病、叶斑病等。

(一) 炭疽病

病原为胶孢炭疽菌，发病适宜温度为 25～30℃，相对湿度 80%以上。于山药炭疽病发病前或发病初期用药防治，用 32.5% 苯甲·嘧菌酯（嘧菌酯 20%+苯醚甲环唑 12.5%）悬浮剂 40～50 毫升/亩喷雾；或用 40%咪鲜胺水乳剂 40～60 毫升/亩喷雾，或 45%咪鲜胺水乳剂 35～50 毫升/亩喷雾，间隔 7～10 天，喷雾 3 次，安全间隔期为 28 天，每季最多用药 3 次；或用 16%二氰·吡唑酯（吡唑醚菌酯 4%+二氰蒽醌 12%）水分散粒剂 133～167 克/亩喷雾，间隔 7～10 天，安全间隔期为 7 天，每季最多用药 3 次。

(二) 褐斑病

病原为薯蓣盘孢菌，发病适宜温度为 12～35℃，相对湿度 90%以上，发病潜育期 5～7 天。于山药褐斑病发病前或发病初期用药防治,用 32.5%苯甲·嘧菌酯（嘧菌酯 20%+苯醚甲环唑 12.5%）悬浮剂 15~25 毫升/亩喷雾。

（三）黑斑病

是一种由短体线虫引起的病害,发病适宜温度为 10℃以上。在山药黑斑病发病前或发生初期用药防治,用 10%苯醚甲环唑水分散粒剂 40~45 克/亩喷雾,连续喷雾用药 3 次,用药间隔 7 天,或用水量 45~55 千克/亩,用药 3 次,安全间隔期为 20 天。

（四）叶斑病

病原为鼠尾孢属,发病适宜温度为 25~32℃,相对湿度80%以上。在叶斑病发病前或发生初期用药,用 23%嘧菌·噻霉酮（嘧菌酯 20%+噻霉酮 3%）悬浮剂 25~30 毫升/亩喷雾,安全间隔期为 28 天,每个作物周期最多用药 2 次。

第十节　多年生蔬菜

一、芦笋

主要病害有褐斑病、茎枯病等。

（一）褐斑病

病原为天门冬尾孢霉菌,病菌发育温度 25~28℃,5℃以下或 37℃以上病菌停止生长,29℃适于分生孢子形成,长期阴湿

环境和感病品种是诱发病害的主要条件；主要发生在育苗期和定植大田不久的幼龄植株上。可于芦笋褐斑病发生前或发病初期用药防治，用5%己唑醇悬浮剂75~125毫升/亩，或25%己唑醇悬浮剂15~25毫升/亩，或40%己唑醇悬浮剂9.4~15.6毫升/亩，或25%吡唑醚菌酯悬浮剂30~50毫升/亩，或30%吡唑醚菌酯悬浮剂25~41.7毫升/亩喷雾防治，每隔7天用药1次，可用药2次，安全间隔期为3天，每季最多用药2次。

（二）茎枯病

病原为天门冬拟茎点霉，病菌适宜温度20~28℃，在平均气温15℃左右时，潜育期7~10天；当平均气温达到26~28℃时，病原菌的潜育期5~7天；旬平均气温达到20~29℃时，进入盛发期。可于芦笋养根期，用25%嘧菌酯悬浮剂70~90毫升/亩喷雾防治，每隔7天用药1次，可连续用药2次，安全间隔期5天，每季最多用药2次；也可于芦笋茎枯病发生前或发病初期开始用药防治，用0.5%氨基寡糖素水剂300~400毫升/亩，或2%氨基寡糖素水剂75~100毫升/亩，或5%氨基寡糖素水剂30~40毫升/亩，或50%福美双可湿性粉剂100~150克/亩，或70%福美双可湿性粉剂71~107克/亩，或250克/升嘧菌酯悬浮剂70~90毫升/亩喷雾防治，每隔7天用药1次，可用药2次，其中嘧菌酯悬浮剂安全间隔期为5天，每季最多用药2次，福美双可湿性粉剂安全间隔期为3天，每季最多用药2次。

二、黄花菜

主要病害有锈病等。

锈病：病原为萱草柄锈菌，发生的适宜条件为温度 20～28℃、相对湿度 85% 以上、降水量 50 毫米以上。可于黄花菜锈病发生前或发病初期，用 75% 肟菌·戊唑醇水分散粒剂 15～20 克/亩喷雾防治，每隔 7 天用药 1 次，安全间隔期为 28 天，每季最多用药 2 次。

第十一节　水生蔬菜

一、莲藕

主要病害有黑斑病等。

黑斑病：病原为链格孢，植株生长衰弱、田间水温高于 35℃ 易发病。可于莲藕黑斑病发病前期或初期，用 25% 嘧菌酯悬浮剂 1 500 倍液喷雾防治，每隔 7 天用药 1 次，喷雾 2 次，药后保水 2 天，安全间隔期为 21 天，每季最多用药 2 次；也可用 50% 多菌灵可湿性粉剂 50～60 克/亩喷雾防治，连用 2～3 次，安全间隔期为 21 天，每季最多用药 3 次；或用 25% 丙环唑乳油 20～30 毫升/亩，或 50% 丙环唑乳油 10～15 毫升/亩，每隔 7～10 天喷施 1 次，连用 2 次左右，安全间隔期为 21 天，每季最多用药 3 次。

二、茭白

主要病害有胡麻斑病、纹枯病等。

（一）胡麻斑病

病原为菰离平脐蠕孢，病菌生长温度范围 5~35℃，最适温度 28℃；分生孢子萌发适温也为 28℃，并需高湿，尤其在水滴或水膜中萌发更好。可在茭白胡麻斑病发病前或者发病初期，用 250 克/升丙环唑乳油 500~1 000 倍液喷雾防治，每隔 5~7 天用药 1 次，可连续使用 2~3 次，孕茭前 20 天停止用药，用药时田间需有 3 厘米以上水层，保水 5~7 天，安全间隔期为 21 天，每季最多用药 3 次；也可于胡麻叶斑病发病初期，用 25%咪鲜胺乳油 50~80 毫升/亩，每隔 10 天喷施 1 次，连续用药 2 次，安全间隔期为 21 天。

（二）纹枯病

病原有性阶段称瓜亡革菌，无性阶段称立枯丝核菌，病菌生长温度范围 10~40℃，适温 28~32℃；主要为害茭白的叶片和叶鞘，以分蘖期至结茭期易发病。可于茭白纹枯病发生初期用药防治，可喷施 30%噻呋酰胺悬浮剂 2 000~2 500 倍液，或 24%井冈霉素水剂 1 666~2 000 倍液，根据病害发情情况，间隔 10~14 天再用药 1 次，安全间隔期为 7 天，每季最多用药 2 次。

第二章　虫害防治技术

第一节　白菜类蔬菜

一、大白菜

主要虫害有菜青虫、小菜蛾、黄条跳甲、甜菜夜蛾、蚜虫、蜗牛等。

（一）菜青虫

可于幼虫 2~3 龄期，用 0.5%苦参碱水剂 60~90 毫升/亩，或 10%高效氯氟氰菊酯水乳剂 5~10 毫升/亩喷雾防治，用药间隔期为 10 天左右，安全间隔期为 7 天，每季最多用药 2 次；或用 25 克/升溴氰菊酯乳油 20~40 毫升/亩喷雾防治，每隔 7 天左右用药 1 次，安全间隔期为 2 天，每季最多用药 3 次；也可用 4.5%高效氯氰菊酯水乳剂 45~56 毫升/亩喷雾防治，每隔 10 天左右用药 1 次，安全间隔期为 21 天，每季最多用药 2 次。

（二）小菜蛾

可于低龄幼虫盛期，用 10%多杀霉素水分散粒剂 10~20 克/

亩，或 20%阿维·辛硫磷乳油 750~1 125 克/米²，或 1.8%阿维菌素乳油 25~40 毫升/亩，或 50%虫螨腈水分散粒剂 10~15 克/亩喷雾防治，安全间隔期分别为 3 天、14 天、7 天和 12 天，每季最多用药分别为 2 次、1 次、3 次和 2 次。

（三）黄条跳甲

可于成虫发生初期，用 90%敌敌畏可溶液剂 25~35 毫升/亩喷雾防治，安全间隔期为 14 天，每季最多用药 1 次；或用 20%呋虫·哒螨灵悬浮剂 75~90 毫升/亩，或 30%哒螨灵·呋虫胺悬浮剂 30~50 毫升/亩喷雾防治，安全间隔期为 7 天，每季最多用药 1 次。

（四）甜菜夜蛾

可于幼虫 3 龄期前，用 100 亿孢子/克金龟子绿僵菌油悬浮剂 20~33 克/亩喷雾防治；或于低龄幼虫发生期，用 150 克/升茚虫威悬浮剂 14~18 克/亩，或 8%甲氨基阿维菌素苯甲酸盐水分散粒剂 2~3 克/亩，或 25%顺氯·茚虫威悬浮剂 12~15 毫升/亩，或 35%虫螨·茚虫威悬浮剂 14~20 毫升/亩喷雾防治，用药间隔期为 7~10 天，安全间隔期分别为 7 天、7 天、10 天、7 天和 14 天，每季最多用药分别为 3 次、2 次、2 次、3 次和 3 次。

（五）蚜虫

可于初龄幼虫盛发期，用 15%啶虫脒乳油 6.7~13.3 毫升/亩喷雾防治，安全间隔期为 14 天，每季最多用药 3 次；或用 2.5%高效氯氟氰菊酯可湿性粉剂 20~30 克/亩喷雾防治，安全间隔期 7 天，每季最多用药 3 次。

（六）蜗牛

可于蜗牛活动季节，用 6% 聚醛·甲萘威颗粒剂 600～750 克/亩，或 6% 四聚乙醛颗粒剂 600～700 克/亩撒施防治，每季最多用药 2 次，其中聚醛·甲萘威颗粒剂安全间隔期为 14 天，四聚乙醛颗粒剂安全间隔期为 7 天。

二、普通白菜

主要虫害有小菜蛾、黄条跳甲、蜗牛、菜青虫、斜纹夜蛾、蚜虫、甜菜夜蛾、蛴螬等。

（一）小菜蛾

可于卵孵化盛期，用 16 000 IU/毫克苏云金杆菌可湿性粉剂 60～75 克/亩，或 400 亿孢子/克球孢白僵菌水分散粒剂 30～40 克/亩喷雾防治；或用 10% 溴氰虫酰胺可分散油悬浮剂 10～14 毫升/亩，或 20% 氟苯虫酰胺水分散粒剂 13～17 克/亩喷雾防治，安全间隔期为 3 天，每季最多用药 3 次；也可用 100 克/升溴虫氟苯双酰胺悬浮剂 7～10 毫升/亩喷雾防治，安全间隔期为 5 天，每季最多用药 1 次。也可于低龄幼虫期，用 32 000 IU/毫克苏云金杆菌 G033A 可湿性粉剂 75～100 克/亩喷雾防治；或用 30% 茚虫威水分散粒剂 5～9 克/亩喷雾防治，安全间隔期为 3 天，每季最多用药 3 次；或用 33% 氰氟虫腙悬浮剂 45～55 毫升/亩喷雾防治，用药间隔期为 7 天左右，安全间隔期为 5 天，每季最多用药 2 次；也可用 1.8% 阿维菌素乳油 35～45 毫升/亩，或 30% 甲维·茚虫威悬浮剂 5～10 毫升/亩，或 1.8% 阿维·高氯乳油 50～

100毫升/亩，或21%甲维·丁醚脲水乳剂30~70毫升/亩喷雾防治，安全间隔期为7天，每季最多用药1次。

（二）黄条跳甲

可于幼苗移栽前，用3%氯虫·噻虫嗪颗粒剂300~330克/亩沟施防治，安全间隔期为14天；或于成虫发生期，用1%苦皮藤素水乳剂90~120毫升/亩，或32 000 IU/毫克苏云金杆菌G033A可湿性粉剂150~200克/亩喷雾防治；或用10%溴氰虫酰胺可分散油悬浮剂24~28毫升/亩喷雾防治，用药间隔期为7天左右，安全间隔期为3天，每季最多用药3次；也可用100克/升溴虫氟苯双酰胺悬浮剂14~16毫升/亩，或80%敌敌畏可溶液剂30~40毫升/亩喷雾防治，安全间隔期为5天，每季最多用药1次；或用15%哒螨灵乳油40~60毫升/亩，或40%联苯·噻虫啉悬浮剂25~35毫升/亩，或35%虫螨腈·啶虫脒悬浮剂15~25毫升/亩喷雾防治，安全间隔期为7天，每季最多用药1次。

（三）蜗牛

于蜗牛活动季节，用12%四聚乙醛颗粒剂250~325克/亩，或6%聚醛·甲萘威颗粒剂600~750克/亩撒施防治，安全间隔期分别为7天和14天。

（四）菜青虫

可于卵孵化盛期，用10%溴氰虫酰胺可分散油悬浮剂10~14毫升/亩，或2.5%溴氰菊酯可湿性粉剂20~40克/亩，或12%甲维·氟酰胺微乳剂10~15毫升/亩，或25%溴氰·马拉松乳油30~50毫升/亩，或2.5%高效氯氟氰菊酯水乳剂15~20毫升/亩。或于低龄幼虫发生期,用 8 000 IU/毫克苏云金杆菌悬浮剂 100~150 毫升/亩喷雾防治;或用 20%阿维·杀虫单可湿性粉剂 100~120 克/亩,或 1.8%阿维·高氯乳油 50~100 毫升/亩,或 98%杀螟丹可溶粉剂 30~40 克/亩,或 50%二嗪磷乳油 40~60 毫升/亩,或 97%敌百虫原药 66~82 克/亩喷雾防治,安全间隔期分别为 5 天、7 天、7 天、10 天、10 天和 14 天,每季最多用药分别为 2 次、1 次、3 次、1 次、2 次和 2 次。

（五）斜纹夜蛾

可于卵孵化盛期,用 32 000 IU/毫克苏云金杆菌 G033A 可湿性粉剂 150~200 克/亩喷雾防治;或用 10%溴氰虫酰胺可分散油悬浮剂 10~14 毫升/亩喷雾防治,用药间隔期为 7 天,安全间隔期为 3 天,每季最多用药 3 次。

（六）**蚜虫**

于盛发期,用 1%苦参碱可溶液剂 50~120 毫升/亩,或 23%银杏果提取物可溶液剂 100~120 克/亩喷雾防治;或用 10%溴氰虫酰胺可分散油悬浮剂 30~40 毫升/亩喷雾防治,用药间隔期为 7 天左右,安全间隔期为 3 天,每季最多用药 3 次;也可用 36%阿维·吡虫啉水分散粒剂 5~7 克/亩,安全间隔期为 5 天,每季最多用药 1 次;或用 25%吡虫·辛硫磷乳油 15~20 毫升/亩,或 12%氰戊·马拉松乳油 300~600 克/公顷,或 25%吡虫·辛硫磷乳油 30~50 克/亩,或 22%氟啶虫胺腈悬浮剂 7.5~12.5 毫升/亩,或 2.5%高效氯氟氰菊酯微乳剂 35~50 毫升/亩,或 25 克/升溴氰菊酯乳油 6~8 毫升/亩喷雾防治,每隔 7~10 天用药 1 次,

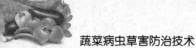

安全间隔期为 7 天，每季最多用药 2 次；也可用 26%氯氟·啶虫脒水分散粒剂 4~8 克/亩喷雾防治，每隔 7 天左右用药 1 次，安全间隔期为 10 天，每季最多用药 2 次；或用 20%亚胺硫磷乳油700~1 000 倍液，安全间隔期为 20 天，每季最多用药 1 次。

（七）甜菜夜蛾

于卵孵化盛期至低龄幼虫发生初期，用 32 000 IU/毫克苏云金杆菌 G033A 可湿性粉剂 150~200 克/亩喷雾防治；或用 20%氟苯虫酰胺水分散粒剂 15~17 克/亩喷雾防治，用药间隔期 7 天左右，安全间隔期为 3 天，每季最多用药 3 次；也可用 10%甲维·虫螨腈可湿性粉剂 12~18 克/亩喷雾防治，安全间隔期为 5天，每季最多用药 1 次；或用 2.5%高效氯氟氰菊酯微乳剂 37~60 毫升/亩，或 2.3%甲氨基阿维菌素苯甲酸盐微乳剂 5~7 毫升/亩，或 30%茚虫威水分散粒剂 7.5~9 克/亩喷雾防治，用药间隔为 7~10 天，安全间隔期为 7 天，每季最多用药 2 次；也可用 10%虫螨腈悬浮剂 50~70 毫升/亩，或 38%虫螨腈·氯虫苯甲酰胺悬浮剂 10~12 毫升/亩喷雾防治，安全间隔期为 14 天，每季最多用药 1 次。

（八）蛴螬

可于播种前或定植前，用 5%阿维·二嗪磷颗粒剂 1 000~1 200 克/亩撒施防治，安全间隔期为 30 天，每季最多用药 1 次；或于生长期，用 4%二嗪磷颗粒剂 1 200~1 500 克/亩撒施防治。

第二节　茄果类蔬菜

一、番茄

主要虫害有烟粉虱、白粉虱、美洲斑潜蝇、蚜虫、棉铃虫、甜菜夜蛾、根结线虫等。

（一）烟粉虱

于虫害发生初期，用 5%D-柠檬烯可溶液剂 100~125 毫升/亩，或 50 亿孢子/毫升爪哇虫草菌 JS001 可分散油悬浮剂 20~25 毫升/亩喷雾防治；或用 17%氟吡呋喃酮可溶液剂 30~40 毫升/亩，或 30%螺虫乙酯·噻虫胺悬浮剂 20~24 毫升/亩喷雾防治，安全间隔期为 3 天，每季最多用药 1 次；也可用 10%溴氰虫酰胺可分散油悬浮剂 33.3~40 毫升/亩，或 50 克/升双丙环虫酯可分散液剂 55~65 毫升/亩，或 25%噻虫嗪水分散粒剂 7~20 克/亩，或 480 克/升丁醚脲·溴氰虫酰胺悬浮剂 30~60 毫升/亩喷雾防治，用药间隔期为 10~14 天，安全间隔期为 3 天，每季最多用药 2 次。

（二）白粉虱

可于虫害发生初期，用 80 亿孢子/毫升金龟子绿僵菌 CQ-Ma421 可分散油悬浮剂 60~90 毫升/亩，或 100 亿孢子/毫升球孢白僵菌 ZJU435 可分散油悬浮剂 60~80 毫升/亩喷雾防治；或用 20%吡虫啉可溶液剂 15~20 毫升/亩，或 25%噻虫嗪水分散粒剂 7~15 克/亩，或 10%溴氰虫酰胺可分散油悬浮剂 43~57 毫升/亩，或 20%高氯·噻嗪酮乳油 65~80 克/亩喷雾防治，用药间隔期为 7~10 天，安全间隔期为 3 天，每季最多用药 2 次；也可用 25 克/升联苯菊酯乳油 20~40 毫升/亩喷雾防治，用药间隔期为 7 天左右，安全间隔期为 4 天，每季最多用药 3 次。

（三）美洲斑潜蝇

于虫害发生初期，用 4.5%高效氯氰菊酯乳油 28~33 毫升/亩喷雾防治，用药间隔期为 7 天左右，安全间隔期为 3 天，每季最多用药 2 次；或用 10%溴氰虫酰胺可分散油悬浮剂 14~18 毫升/亩喷雾防治，每隔 7~10 天用药 1 次，安全间隔期为 3 天，每季最多用药 3 次；也可用 16%高氯·杀虫单微乳剂 75~150 毫升/亩喷雾防治，每隔 7~10 天用药 1 次，安全间隔期为 7 天，每季最多用药 2 次。

（四）蚜虫

于虫害发生初期，用 1.5%苦参碱可溶液剂 30~40 毫升/亩喷雾防治，安全间隔期为 10 天，每季最多用药 1 次；或用 10%溴氰虫酰胺可分散油悬浮剂 33.3~40 毫升/亩喷雾防治，每隔 10 天左右用药 1 次，安全间隔期为 3 天，每季最多用药 3 次；也可用 5%高氯·啶虫脒乳油 35~40 毫升/亩喷雾防治，安全间隔期为 7 天，每季最多用药 1 次；或用 14%氯虫·高氯氟微囊悬浮-悬浮剂 10~20 毫升/亩喷雾防治，每隔 10 天左右用药 1 次，安全间隔期为 7 天，每季最多用药 2 次；也可用 28%阿维·螺虫酯悬浮剂 10～20 毫升/亩喷雾防治，用药间隔期为 7～10 天，安全间隔期为 10 天，每季最多用药 2 次。

（五）棉铃虫

于卵孵化盛期至低龄幼虫期，用 20 亿 PIB/毫升棉铃虫核型多角体病毒悬浮剂 50～60 毫升/亩，或 32 000 IU/毫克苏云金杆菌 G033A 可湿性粉剂 125～150 克/亩喷雾防治；或用 10%溴氰虫酰胺可分散油悬浮剂 14～18 毫升/亩，或 60 克/升乙基多杀菌素悬浮剂 50～70 毫升/亩喷雾防治，每隔 7 天左右用药 1 次，安全间隔期为 3 天，每季最多用药 2 次；也可用 100 克/升溴虫氟苯双酰胺悬浮剂 10～16 毫升/亩，用药间隔期为 7～10 天，安全间隔期为 5 天，每季最多用药 2 次；或用 50 克/升虱螨脲乳油 50～60 毫升/亩，或 14%氯虫·高氯氟微囊悬浮–悬浮剂 10～20 毫升/亩喷雾防治，每隔 7 天左右用药 1 次，安全间隔期为 7 天，每季最多用药 2 次；也可用 200 克/升四唑虫酰胺悬浮剂 7.5～10 毫升/亩，或 2%甲氨基阿维菌素苯甲酸盐乳油 28.5～38 毫升/亩喷雾防治，安全间隔期为 7 天，每季最多用药 1 次。

（六）甜菜夜蛾

可于幼苗移栽前，用 19%溴氰虫酰胺悬浮剂 2.4～2.9 毫升/米^{2}苗床喷淋防治；或于卵孵盛期至低龄幼虫期，用 300 亿 PIB/克甜菜夜蛾核型多角体病毒水分散粒剂 2～5 克/亩喷雾防治，或用 100 克/升溴虫氟苯双酰胺悬浮剂 10～16 毫升/亩喷雾防治，每隔 7 天左右用药 1 次，安全间隔期为 5 天，每季最多用药 2 次。

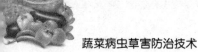

（七）根结线虫

可于幼苗定植前30天，用20%异硫氰酸烯丙酯可溶液剂2~3升/亩，或35%威百亩水剂4 000~6 000克/亩，或98%棉隆颗粒剂30~40克/米^{2}沟施覆土覆膜熏蒸处理15天以上，安全间隔期为收获期，每季最多用药1次；或于定植前7天，用40%氟烯线砜乳油400~600毫升/亩土壤喷雾防治，每季最多用药1次，安全间隔期为收获期；或于定植时，用100亿芽孢/克坚强芽孢杆菌可湿性粉剂400~800克/亩，或5亿活孢子/克淡紫拟青霉颗粒剂3 000~3 500克/亩，或5亿CFU/克杀线虫芽孢杆菌B16粉剂1 500~2 500克/亩，或10%噻唑膦颗粒剂1 500~2 000克/亩，或50%氰氨化钙颗粒剂48~64千克/亩，或15%阿维·吡虫啉微囊悬浮剂300~400毫升/亩，或9%寡糖·噻唑膦颗粒剂1 500~2 000克/亩，或10.5%阿维·噻唑膦颗粒剂1 500~2 000克/亩沟施/穴施防治；或于定植后，用2亿CFU/毫升嗜硫小红卵菌HNI-1悬浮剂400~600毫升/亩，或80亿芽孢/克甲基营养型芽孢杆菌LW-6可湿性粉剂0.2~0.32克/株，或10亿CFU/毫升蜡质芽孢杆菌悬浮剂4~7升/亩，或200亿CFU/克苏云金杆菌HAN055可湿性粉剂1 500~2 500克/亩，或1.8%阿维菌素乳油1 000~1 500毫升/亩，或450克/升三氟吡啶胺悬浮剂6~12毫升/10^{3}株，或400克/升氟吡菌酰胺悬浮剂0.02~0.04毫升/株灌根防治。

二、茄子

主要虫害有烟粉虱、白粉虱、蓟马、蚜虫、红蜘蛛、朱砂叶螨、甜菜夜蛾、根结线虫等。

（一）烟粉虱

于虫害发生初期，用 17％氟吡呋喃酮可溶液剂 30～40 毫升/
亩喷雾防治，用药间隔期为 7～10 天，安全间隔期为 3 天，每季
最多用药 2 次。

（二）白粉虱

于虫害发生初期，用 20％吡虫啉可溶液剂 15～30 毫升/亩，
或 25％噻虫嗪水分散粒剂 7～15 克/亩喷雾防治，每隔 7 天左右
用药 1 次，安全间隔期为 3 天，每季最多用药 2 次；或用 35％呋
虫·哒螨灵水分散粒剂 32～40 克/亩喷雾防治，安全间隔期为 3
天，每季最多用药 1 次；也可用 12.5％阿维·啶虫脒微乳剂 15～
20 克/亩喷雾防治，用药间隔期为 7～10 天，安全间隔期为 5 天，
每季最多用药 2 次。

（三）蓟马

于虫害发生初期，用 0.5％藜芦根茎提取物可溶液剂 70～80
毫升/亩，或 80 亿孢子/毫升金龟子绿僵菌 CQMa421 可分散油悬
浮剂 60～90 毫升/亩喷雾防治；或用 10％多杀霉素悬浮剂 15～25
毫升/亩，或 15％多杀霉素·唑虫酰胺微乳剂 30～40 毫升/亩，
或 22％螺虫·噻虫啉悬浮剂 20～40 毫升/亩喷雾防治，安全间
隔期为 3 天，每季最多用药 1 次；也可用 25％虫螨腈·螺虫乙酯
悬浮剂 20～30 毫升/亩，或 20％联苯·虫螨腈悬浮剂 30～40 毫
升/亩，或 24％甲维·噻虫嗪悬浮剂 15～20 毫升/亩，或 50％呋
虫胺·唑虫酰胺水分散粒剂 10～20 克/亩，或 60％噻虫嗪·唑虫

酰胺水分散粒剂 6~10 克/亩，或 40%氟啶·螺虫酯悬浮剂 15~18 毫升/亩，或 10%多杀·吡虫啉悬浮剂 20~30 毫升/亩喷雾防治，安全间隔期为 5 天，每季最多用药 1 次。

（四）蚜虫

于虫害发生初期，用 1.5%苦参碱可溶液剂 30~40 毫升/亩喷雾防治，安全间隔期为 10 天，每季最多用药 1 次。

（五）红蜘蛛

于虫害发生初期，用 0.1%藜芦根茎提取物可溶液剂 120~140 克/亩，安全间隔期不少于 10 天，每季最多用药 1 次；或用 30%联肼·哒螨灵悬浮剂 35~55 毫升/亩喷雾防治，安全间隔期为 7 天，每季最多用药 1 次。

（六）朱砂叶螨

于虫害发生初期，用 240 克/升虫螨腈悬浮剂 20~30 毫升/亩喷雾防治，用药间隔期为 7~10 天，安全间隔期为 7 天，每季最多用药 2 次。

（七）甜菜夜蛾

于产卵高峰期至低龄幼虫盛发初期，用 300 亿 PIB/克甜菜夜蛾核型多角体病毒水分散粒剂 2~5 克/亩喷雾防治。

（八）根结线虫

于幼苗移栽 7 天后，用 400 克/升氟吡菌酰胺悬浮剂 0.02~0.04 毫升/株灌根防治，每季最多用药 1 次。

三、辣椒

主要虫害有烟粉虱、白粉虱、烟青虫、蚜虫、蓟马、红蜘蛛、甜菜夜蛾、棉铃虫等。

（一）烟粉虱

于虫害发生初期，用 50 克/升双丙环虫酯可分散液剂 55~65 毫升/亩，或 17%氟吡呋喃酮可溶液剂 30~40 毫升/亩，或 22% 螺虫·噻虫啉悬浮剂 30~40 毫升/亩喷雾防治，每隔 7~10 天用药 1 次，安全间隔期为 3 天，每季最多用药 2 次；或用 10%溴氰虫酰胺悬乳剂 40~50 毫升/亩，用药间隔期为 7 天左右，安全间隔期为 3 天，每季最多用药 3 次；也可用 75 克/升阿维菌素·双丙环虫酯可分散液剂 45~53 毫升/亩，每隔 7 天左右用药 1 次，安全间隔期为 5 天，每季最多用药 2 次。

（二）白粉虱

于虫害发生初期，用 25%噻虫嗪水分散粒剂 7~15 克/亩喷雾防治，用药间隔期为 7~10 天，安全间隔期为 3 天，每季最多用药 2 次；或用 10%溴氰虫酰胺悬乳剂 50~60 毫升/亩喷雾防治，每隔 7 天左右用药 1 次，安全间隔期为 3 天，每季最多用药 3 次；也可用 22%噻虫·高氯氟微囊悬浮-悬浮剂 5~10 毫升/亩，用药间隔期为 7~10 天，安全间隔期为 5 天，每季最多用药 2 次；或用 22%联苯·噻虫嗪悬乳剂 20~40 毫升/亩喷雾防治，安全间隔期为 5 天，每季最多用药 1 次。

（三）烟青虫

于卵孵化盛期至低龄幼虫期，用 32 000 IU/毫克苏云金杆菌可湿性粉剂 50~75 克/亩，或 600 亿 PIB/克棉铃虫核型多角体病毒水分散粒剂 2~4 克/亩喷雾防治；或用 2%甲氨基阿维菌素苯

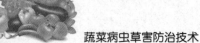

甲酸盐微乳剂 5~10 毫升/亩喷雾防治，用药间隔期为 10 天左右，安全间隔期为 5 天，每季最多用药 2 次；也可用 4.5%高效氯氰菊酯乳油 35~50 毫升/亩，或 14%氯虫·高氯氟微囊悬浮-悬浮剂 10~20 毫升/亩喷雾防治，每隔 7~10 天用药 1 次，安全间隔期为 7 天，每季最多用药 2 次；或用 200 克/升四唑虫酰胺悬浮剂 7.5~10 毫升/亩喷雾防治，安全间隔期为 7 天，每季最多用药 1 次。

（四）蚜虫

于虫害发生初期，用 1.5%苦参碱可溶液剂 30~40 毫升/亩喷雾防治，安全间隔期不少于 10 天，每季最多用药 1 次；或用 50 克/升双丙环虫酯可分散液剂 10~16 毫升/亩喷雾防治，安全间隔期为 3 天，每季最多用药 1 次；也可用 10%溴氰虫酰胺悬乳剂 30~40 毫升/亩喷雾防治，用药间隔期为 7~10 天，安全间隔期为 3 天，每季最多用药 3 次；或用 14%氯虫·高氯氟微囊悬浮-悬浮剂 10~20 毫升/亩喷雾防治，每隔 7 天左右用药 1 次，安全间隔期为 7 天，每季最多用药 2 次。

（五）蓟马

于虫害发生初期，用 150 亿孢子/克球孢白僵菌可湿性粉剂 160~200 克/亩，或 88%硅藻土可湿性粉剂 1 000~1 500 克/亩喷雾防治；或用 11.8%甲维·联苯微乳剂 5~10 毫升/亩喷雾防治，安全间隔期为 5 天，每季最多用药 1 次；也可用 21%噻虫嗪悬浮剂 14~18 毫升/亩喷雾防治，每隔 7~10 天用药 1 次，安全间隔期为 7 天，每季最多用药 2 次。也可于移栽前，用 19%溴氰虫酰胺悬浮剂 3.8~4.7 毫升/米² 苗床喷淋防治，每季最多用药 1 次。

（六）红蜘蛛

于低龄幼虫期或卵孵化盛期，用 0.1% 藜芦根茎提取物可溶液剂 120~140 克/亩喷雾防治，安全间隔期不少于 10 天，每季最多用药 1 次。

（七）甜菜夜蛾

于幼苗移栽前 2 天，用 19% 溴氰虫酰胺悬浮剂 2.4~2.9 毫升/米² 喷淋苗床防治，每季最多用药 1 次；也可于虫害发生初期，用 1% 苦皮藤素水乳剂 90~120 毫升/亩喷雾防治，安全间隔期为 10 天，每季最多用药 1 次；也可于成虫产卵高峰期至低龄幼虫期，用 300 亿 PIB/克甜菜夜蛾核型多角体病毒水分散粒剂 2~5 克/亩喷雾防治；或于低龄幼虫盛发期，用 8% 甲氨基阿维菌素苯甲酸盐水分散粒剂 3~4 克/亩，或 5% 氯虫苯甲酰胺悬浮剂 30~60 毫升/亩，或 100 克/升溴虫氟苯双酰胺悬浮剂 10~16 毫升/亩喷雾防治，每隔 7~10 天用药 1 次，安全间隔期为 5 天，每季最多用药 2 次。

（八）棉铃虫

于卵孵化高峰期，用 5% 氯虫苯甲酰胺悬浮剂 30~60 毫升/亩喷雾防治，用药间隔期为 7 天左右，安全间隔期为 5 天，每季最多用药 2 次；或于卵孵化盛期至幼虫期，用 10% 溴氰虫酰胺悬乳剂 10~30 毫升/亩喷雾防治，每隔 7 天左右用药 1 次，安全间隔期为 3 天，每季最多用药 3 次。

第三节 瓜类蔬菜

一、黄瓜

主要虫害有蚜虫、根结线虫、白粉虱、美洲斑潜蝇、烟粉虱、蓟马、瓜绢螟、蛴螬、红蜘蛛、斜纹夜蛾等。

(一) 蚜虫

在黄瓜苗定植时，穴施吡虫啉片剂 1.0~1.5 片/株，每季最多用药 1 次；也可在卵孵化盛期或低龄幼虫期，用 80 亿孢子/毫升金龟子绿僵菌 CQMa421 可分散油悬浮剂 40~60 毫升/亩；或 33%氯氰·矿物油乳油 40~60 克/亩，安全间隔期为 3 天，每季最多用药 2 次；也可在低龄若虫发生期，用 50%吡蚜酮水分散粒剂 10~15 克/亩，安全间隔期为 3 天，每季用药 2 次；也可在若虫发生始盛期，用 25%螺虫·噻虫嗪悬浮剂 10~20 毫升/亩，安全间隔期为 3 天，最多用药 1 次；或用 5%顺式氯氰菊酯乳油 17~33 毫升/亩，间隔 10 天 1 次，连续用药 1~2 次，安全间隔期为 3 天，每季最多用药 2 次；也可在若虫盛期间，用 35%高氯·矿物油乳油 40~50 毫升/亩，安全间隔期为 3 天，每季最多用药 2 次。

(二) 根结线虫

于播种前 20 天以上，用 35%威百亩水剂 4 000~6 000 克/亩沟施，每季最多用药 1 次；也可在种植前至少 7 天进行土壤喷雾，用 40%氟烯线砜乳油 500~600 毫升/亩，安全间隔期为收获期，每季最多用药 1 次；也可在黄瓜定植前 10 天，用 50%氰氨化钙颗粒剂 48~64 千克/亩沟施；也可在黄瓜移栽前，用 2%阿维·异菌脲颗粒剂 3.75~4.375 千克/亩，或 5.2%二嗪·噻唑膦颗粒剂 5 000~6 000 克/亩，或 10%噻唑膦颗粒剂 1 500~2 000 克/亩，或 99%硫酰氟气体制剂 50~70 克/米^2，每季最多用药 1 次；或用 20%噻唑膦水乳剂 750~1 000 毫升/亩灌根，安全间隔期为 21 天，每季最多药 1 次。

（三）白粉虱

于黄瓜移栽或播种时，用 2%吡虫啉颗粒剂 3 000~4 000 克/亩，每季生长期最多用药 1 次；也可在低龄幼虫期用药，0.5%藜芦根茎提取物可溶液剂 70~80 毫升/亩；也可在虫害发生初期使用，用 200 万 CFU/毫升耳霉菌悬浮剂 150~230 毫升/亩；或用 60%呋虫胺水分散粒剂 10~17 克/亩兑水 30~50 升，或 20%哒螨·异丙威烟剂 160~240 克/亩，或 30%呋虫胺·氟啶虫酰胺悬浮剂 20~30 毫升/亩，安全间隔期为 3 天，每季最多用药 1 次；或用 10%溴氰虫酰胺可分散油悬浮剂 43~57 毫升/亩，安全间隔期为 3 天，每季最多用药 3 次；或用 4.5%联苯菊酯水乳剂 20~35 毫升/亩，安全间隔期为 4 天，每季最多用药 3 次；或用 25%噻虫嗪水分散粒剂 11.25~12.5 克/亩，安全间隔期为 5 天，每季最多用药 3 次；或用 15%敌敌畏烟剂 390~450 克/亩，安全间隔期为 7 天，每季最多用药 2 次；也可在发生初盛期，用

0.5%苦皮藤提取物烟剂350~400克/亩，每季最多用药1次；也可在发生始盛期（初花期至盛花期），用50%杀螟丹可溶粉剂100~120克/亩兑水30~60升，安全间隔期为3天，每个周期最多用药1次。

（四）美洲斑潜蝇

于黄瓜移栽时，穴施1%噻虫胺颗粒剂2 800~3 500克/亩，每季最多用药1次；也可在卵孵盛期至低龄幼虫期，喷施30%呋虫胺·灭蝇胺悬浮剂30~40毫升/亩，安全间隔期为3天，每季最多用药1次；也可在低龄若虫期，喷施6%阿维·高氯乳油20~26毫升/亩，安全间隔期为3天，每季最多用药3次；也可在低龄幼虫发生初期，喷施60%噻虫·灭蝇胺水分散粒剂20~26克/亩，或70%灭蝇胺可湿性粉剂15~21克/亩。

（五）烟粉虱

在烟粉虱发生初期叶面喷雾用药，用75克/升阿维菌素·双丙环虫酯可分散液剂36~53毫升/亩，或480克/升丁醚脲·溴氰虫酰胺悬浮剂30~60毫升/亩，安全间隔期为3天，每季最多用药2次；或用10%溴氰虫酰胺可分散油悬浮剂33.3~40毫升/亩，安全间隔期为3天，每季最多用药3次；也可在若虫发生高峰期用药，用65%吡蚜·螺虫酯水分散粒剂10~12克/亩，安全间隔期为3天，每季最多用药1次；也可在成虫发生初期至产卵初期用药，用22%螺虫·噻虫啉悬浮剂30~40毫升/亩，安全间隔期为3天，每季最多用药2次；也可在烟粉虱产卵初期用药，用75%吡蚜·螺虫酯水分散粒剂8~12克/亩，安全间隔期为3

天，每季最多用药 2 次；也可在成虫始盛期或卵孵始盛期，用 22%氟啶虫胺腈悬浮剂 15～23 毫升/亩，安全间隔期为 3 天，每个周期最多用药 2 次。

（六）蓟马

于黄瓜蓟马低龄若虫始发期用药，用 40%氟啶·吡蚜酮水分散粒剂 12.5～20 克/亩喷雾 1 次，安全间隔期为 3 天，每季最多用药 2 次；也可在蓟马若虫发生期，用 40%呋虫胺·氟啶虫酰胺水分散粒剂 7～10 克/亩兑水 45～60 升，安全间隔期为 3 天，每季最多用药 1 次；也可在发生初期用药，用 100 克/升溴虫氟苯双酰胺悬浮剂 13～16 毫升/亩兑水 40～60 升，安全间隔期为 1 天，喷雾用药 1 次；或用 33%多杀霉素·杀虫环可分散油悬浮剂 15～20 毫升/亩，安全间隔期为 3 天，每季最多用药 1 次；或用 20%甲维·吡丙醚悬浮剂 20～30 毫升/亩，间隔 10～15 天施第二次药，安全间隔期为 3 天，每季最多用药 2 次；或用 10%溴氰虫酰胺可分散油悬浮剂 33.3～40 毫升/亩，安全间隔期为 3 天，每季最多用药 3 次。

（七）瓜绢螟

于卵孵盛期至低龄幼虫期，用 100 克/升溴虫氟苯双酰胺悬浮剂 9～12 毫升/亩兑水 40～50 升，间隔 7 天左右可第二次用药，安全间隔期为 1 天，每季最多用药 2 次。

（八）蛴螬

定植移栽前使用，于黄瓜移栽当天，用 4%联苯·吡虫啉颗粒剂 750～1 000 克/亩，或 5.2%二嗪·噻唑膦颗粒剂 5 000～

6 000 克/亩，或 13% 二嗪·噻唑膦颗粒剂 2 000~2 400 克/亩撒施，每季最多用药 1 次。

（九）红蜘蛛

红蜘蛛发生初期或始盛期用药，用 10% 联苯·哒螨灵烟剂 80~100 克/亩，安全间隔期为 3 天，每季最多用药 1 次。

（十）斜纹夜蛾

在卵孵化盛期或低龄幼虫期，喷施 240 克/升虫螨腈悬浮剂 30~50 毫升/亩，间隔 7~10 天用药 1 次，安全间隔期为 2 天，每季最多用药 2 次。

二、节瓜

主要虫害有蓟马、蚜虫等。

（一）蓟马

在若虫发生期用药，70% 吡虫啉水分散粒剂 5~6 克/亩，安全间隔期 5 天，每季最多用药 3 次；于蓟马低龄若虫发生期，用 5% 吡虫啉乳油 1 110~1 390 倍液，间隔 5~7 天喷 1 次药，安全间隔期为 3 天，每季最多用药 3 次；也可在低龄若虫发生始盛期，用 19.8% 甲维·唑虫酰可溶液剂 8~10 毫升/亩，或 30% 多杀霉素·噻虫嗪悬浮剂 7~14 毫升/亩，或 70% 噻虫嗪水分散粒剂 4~5 克/亩，安全间隔期为 7 天，每季最多用药 1 次；或 19.4% 甲维·啶虫脒微乳剂 4~8 毫升/亩，安全间隔期为 7 天，每季最多用药 2 次；也可在蓟马低龄若虫盛发期，用 5% 多杀霉素悬浮剂 40~50 毫升/亩，安全间隔期为 3 天，每季最多用药 2

次；也可在若虫高峰期用药，用 25% 噻虫嗪水分散粒剂 8~15 克/亩，安全间隔期为 7 天，每季最多用药 2 次。

（二）蚜虫

蚜虫发生初期用药防治，用 25% 氟啶虫酰胺·噻虫胺悬浮剂 9~15 毫升/亩兑水 45~65 升，安全间隔期为 5 天，每季最多用药 1 次。

三、南瓜

主要虫害有烟粉虱等。

烟粉虱：发生初期，喷施 40% 吡蚜酮·溴氰虫酰胺水分散粒剂 40~60 克/亩，安全间隔期为 14 天，每季最多用药 1 次。

四、西葫芦

主要虫害有蚜虫、根结线虫等。

（一）蚜虫

虫害发生初期，喷施 1.5% 苦参碱可溶液剂 30~40 毫升/亩，至少应间隔 10 天才能收获，每季最多用药 3 次。

（二）根结线虫

在移栽后 7 天，用 400 克/升氟吡菌酰胺悬浮剂 0.02~0.04 毫升/株进行灌根，每株用药液量 400 毫升，每季最多用药 1 次。

五、西瓜

主要虫害有蚜虫、根结线虫、棉铃虫、甜菜夜蛾、烟粉虱、蓟马、红蜘蛛、蛴螬、蝼蛄等。

（一）蚜虫

西瓜苗移栽时用药预防，用 10%吡蚜酮颗粒剂 0.35～0.7克/株，或 15%氟啶虫酰胺片剂 200～300 毫克/株，或 25%噻虫嗪片剂 0.5～1.5 片/株，将药剂施入 10 厘米左右的种植穴内，然后定植西瓜苗，每季用药 1 次；也可在蚜虫若虫始盛期，用 46%氟啶·啶虫脒水分散粒剂 6～10 克/亩，安全间隔期为 3 天，每季最多用药 1 次；在西瓜蚜虫发生初期时，用 0.5%除虫菊提取物可溶液剂 240～480 克/亩用药 1 次；或 70%啶虫脒水分散粒剂 2～4 克/亩，间隔 7～10 天再用药 1 次，安全间隔期为 10 天，每季最多用药 2 次；也可在蚜虫发生初盛期，用 35%呋虫胺可溶液剂 5～7 毫升/亩，或 50%氟啶虫胺腈水分散粒剂 3～5 克/亩，安全间隔期为 7 天，最多用药 2 次；也可在蚜虫发生始盛期，用 50 克/升双丙环虫酯可分散液剂 10～16 毫升/亩，用药 1 次，安全间隔期为 5 天，每季最多用药 1 次；或 60%氟啶虫酰胺·噻虫啉水分散粒剂 10～15 克/亩，安全间隔期为 7 天，每季用药 1 次；或 40%氟虫·乙多素水分散粒剂 10～14 克/亩，安全间隔期为 7 天，每季最多用药 2 次；也可在西瓜授粉前期，用 10%溴氰虫酰胺可分散油悬浮剂 33.3～40 毫升/亩，安全间隔期为 5 天，每季最多用药 3 次。

（二）根结线虫

于西瓜定植前起垄时撒施预防，用 1.5%甲维·氟氯氰颗粒剂 2 000～3 000 克/亩，或 10%噻唑膦颗粒剂 1 500～

2 000 克/亩，每季西瓜生长期最多用药 1 次；也可在移栽当天进行灌根，用 400 克/升氟吡菌酰胺悬浮剂 0.05~0.075 毫升/株，每季最多用药 1 次；也可在根结线虫发生初期，用 3%阿维菌素微囊悬浮剂 500~700 毫升/亩灌根，安全间隔期为 10 天，每季用药 1 次。

（三）棉铃虫

于害虫卵孵化高峰期用药防治，用 5%氯虫苯甲酰胺悬浮剂 30~60 毫升/亩，用药间隔 7~10 天，安全间隔期为 10 天，最多用药 2 次；也可在西瓜授粉前期，用 10%溴氰虫酰胺可分散油悬浮剂 19.3~24 毫升/亩，安全间隔期为 5 天，每季最多用药 3 次。

（四）甜菜夜蛾

于害虫卵孵化高峰期用药防治，用 5%氯虫苯甲酰胺悬浮剂 45~60 毫升/亩，用药间隔 7~10 天，安全间隔期为 10 天，最多用药 2 次；或在西瓜授粉前期，用 10%溴氰虫酰胺可分散油悬浮剂 19.3~24 毫升/亩，安全间隔期为 5 天，每季最多用药 3 次。

（五）烟粉虱

成虫发生初期至产卵初期用药防治，用 22%螺虫·噻虫啉悬浮剂 30~40 毫升/亩，西瓜安全间隔期为 14 天，每季最多用药 2 次；也可在西瓜授粉前期，用 10%溴氰虫酰胺可分散油悬浮剂 33.3~40 毫升/亩，安全间隔期为 5 天，每季最多用药 3 次。

（六）蓟马

在蓟马发生高峰前用药预防，用 60 克/升乙基多杀菌素悬浮

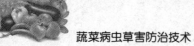

剂 40~50 毫升/亩，或 40%氟虫·乙多素水分散粒剂 10~14 克/亩，最多用药 2 次，60 克/升乙基多杀菌素悬浮剂安全间隔期为 5 天，40%氟虫·乙多素水分散粒剂安全间隔期为 7 天；也可在授粉前期，用 10%溴氰虫酰胺可分散油悬浮剂 33.3~40 毫升/亩，安全间隔期为 5 天，每季最多用药 3 次。

（七）红蜘蛛

于低龄幼若螨始盛期用药防治，用 110 克/升乙螨唑悬浮剂 3 500~5 000 倍液，安全间隔期为 3 天，每季最多用药 1 次。

（八）蛴螬

在西瓜移栽前撒施预防，用 0.05%甲氨基阿维菌素苯甲酸盐颗粒剂 35~45 千克/亩穴施后覆土，每季最多用药 1 次。

（九）蝼蛄

西瓜定植起垄时用药防治，用 2%氟氯氰菊酯颗粒剂 1 000~2 000 克/亩，或 1.5%甲维·氟氯氰颗粒剂 2 000~3 000 克/亩，每季最多用药 1 次。

六、甜瓜

主要虫害有蚜虫、根结线虫、烟粉虱等。

（一）蚜虫

于蚜虫发生期用药，用 2.5%高效氯氟氰菊酯水乳剂 9~15 毫升/亩，或 10%高效氯氟氰菊酯水乳剂 4.5~7.5 毫升/亩，常规喷雾 1 次，安全间隔期为 7 天，最多用药 1 次；也可在蚜虫发生始盛，用 70%啶虫脒水分散粒剂 2.5~3.5 克/亩兑水 20~40

升，安全间隔期为 7 天，每季最多用药 1 次。

（二）根结线虫

在甜瓜定植缓苗后灌根用药，用 1.8% 阿维菌素乳油 800～
1 000 毫升/亩，或 400 克/升氟吡菌酰胺悬浮剂 400 毫升，每季
最多用药 1 次。

（三）烟粉虱

于成虫发生初期至产卵初期用药，用 22% 螺虫·噻虫啉悬
浮剂 30～40 毫升/亩，安全间隔期为 3 天，每季最多用药 2 次。

七、丝瓜

主要虫害有潜叶蝇等。

潜叶蝇：卵孵高峰至低龄幼虫高峰期，喷施 25% 噻虫嗪水
分散粒剂 23～30 克/亩，兑水量 45～60 千克/亩，安全间隔期 7
天，最多用药 1 次。

八、苦瓜

主要虫害有蓟马、蚜虫、瓜实蝇等。

（一）蓟马

于低龄若虫始盛期，喷施 5% 甲氨基阿维菌素苯甲酸盐微乳
剂 5～6 毫升/亩兑水 30～50 升，安全间隔期为 5 天，每季最多用
药 1 次。

（二）蚜虫

在虫害发生初期，喷施 1.5% 苦参碱可溶液剂 30～40 毫升/

亩，使用苦参碱可溶液剂后至少应间隔 10 天才能收获，每季最多用药 3 次；也可在虫卵孵化盛期或低龄幼虫期，喷施 80 亿孢子/毫升金龟子绿僵菌 CQMa421 可分散油悬浮剂 40~60 毫升/亩兑水 40~60 升。

（三）瓜实蝇

在苦瓜幼果期，用 0.1%阿维菌素浓饵剂 180~270 毫升/亩，挂于苦瓜架背阴面 1.5 米左右高处，每 7 天换 1 次诱罐内的药液，每亩用 10 个诱罐；也可在虫害发生初期，喷施 5%阿维·多霉素悬浮剂 30~40 毫升/亩，安全间隔期为 7 天，每季最多用药 3 次；也可在成虫发生初期，用 23%高效氯氟氰菊酯微囊悬浮剂 4~5.5 毫升/亩兑水 50 升，安全间隔期为 5 天，每季最多用药 1 次。

第四节 甘蓝类蔬菜

一、花椰菜

主要虫害有小菜蛾、菜青虫、斜纹夜蛾、甜菜夜蛾、黄条跳甲等。

（一）小菜蛾

卵孵化盛期至低龄幼虫发生期用药防治，用 16 000 IU/微升苏云金杆菌悬浮剂 55~82 克/亩；或 120 克/升氯虫苯·溴氰悬浮剂 15~25 毫升/亩，安全间隔期为 5 天，每季最多用药 1 次；或用 1% 甲氨基阿维菌素苯甲酸盐微乳剂 10~20 毫升/亩，或 3% 甲氨基阿维菌素苯甲酸盐微乳剂 3~6 毫升/亩，安全间隔期为 5 天，每季最多用药 2 次；或用 100 克/升溴虫氟苯双酰胺悬浮剂 7~10 毫升/亩，安全间隔期为 7 天，每季最多用药 2 次；也可在小菜蛾卵孵盛期至低龄幼虫发生始盛期，用 10% 多杀素·氯虫苯悬浮剂 20~30 毫升/亩喷雾用药 1 次，安全间隔期为 5 天，每季用药 1 次；也可在小菜蛾低龄幼虫期用药预防，用 5% 多杀霉素悬浮剂 20~30 毫升/亩，安全间隔期为 5 天，每季最多用药 1 次；也可在于低龄幼虫始盛期，用 32 000 IU/毫升苏云金杆菌 G033A 可湿性粉剂 75~100 克/亩；或 5% 甲氨基阿维菌素苯甲酸盐微乳剂 2~4 毫升/亩防治，安全间隔期为 5 天，每季最多用药 2 次。

（二）菜青虫

在害虫卵孵盛期到低龄幼虫盛发期防治，用 32 000 IU/毫升苏云金杆菌可湿性粉剂 100 ~ 125 克/亩；或在害虫 1 ~ 2 龄幼虫期，用 16 000 IU/毫升苏云金杆菌可湿性粉剂 200 ~ 250 克/亩；或菜青虫低龄幼虫发生期，用 300 克/升呋虫胺·虱螨脲悬浮剂 20~25 毫升/亩，喷雾用药 1 次，安全间隔期为 5 天，每季最多用药 1 次。

（三）斜纹夜蛾

花椰菜斜纹夜蛾应于低龄幼虫期防治，用 16 000 IU/毫升苏云金杆菌可湿性粉剂 200~250 克/亩；或 200 克/升氯虫苯酰

胺悬浮剂 11~13 毫升/亩，或 35%氯虫苯甲酰胺水分散粒剂 7~
10 克/亩，安全间隔期为 5 天，每季最多用药 1 次；也可在卵孵
高峰期至低龄幼虫发生始盛期，用 32 000 IU/毫克苏云金杆菌
G033A 可湿性粉剂 150~200 克/亩；也可在低龄幼虫发生始
盛期，用 5%氯虫苯甲酰胺悬浮剂 50~60 毫升/亩用药 1 次，安
全间隔期为 5 天，每季最多用药 1 次。

（四）甜菜夜蛾

在卵孵高峰期至低龄幼虫发生始盛期用药防治，用
32 000 IU/毫升苏云金杆菌 G033A 可湿性粉剂 150~200 克/亩，
喷雾用药 1 次。

（五）黄条跳甲

在成虫开始活动尚未产卵时用药防治，用 32 000 IU/毫升苏
云金杆菌 G033A 可湿性粉剂 150~200 克/亩，用药 1 次。

二、芥蓝

主要虫害有小菜蛾、菜青虫、甜菜夜蛾、黄条跳甲等。

（一）小菜蛾

在卵孵高峰至低龄幼虫发生初期，喷施 14.6%甲维·虱螨
脲微乳剂 5~10 毫升/亩兑水 40~50 升，安全间隔期为 5 天，每
季最多用药 1 次；也可在卵孵化盛期至低龄幼虫期，喷施 20%阿
维·虫螨腈悬乳剂 15~20 毫升/亩，安全间隔期为 10 天，每季
最多用药 1 次；也可在小菜蛾低龄幼虫发生期，喷施 5%甲维·
虫螨腈水乳剂 3~4 毫升/亩，或 5%甲氨基阿维菌素苯甲酸盐水

分散粒剂 3.7~4.3 克/亩，安全间隔期及每季最多用药分别为 5 天、3 次，5 天、2 次。

（二）菜青虫

于芥蓝菜青虫卵孵高峰期至低龄幼虫发生始盛期，喷施 15% 高氟氯·虱螨脲悬浮剂 5~15 毫升/亩，安全间隔期为 5 天，每季最多用药 1 次。

（三）甜菜夜蛾

卵孵化盛期至低龄幼虫盛发期，喷施 10% 高氯·吡丙醚微乳剂 30~40 毫升/亩，安全间隔期为 5 天，每季最多用药 1 次。

（四）黄条跳甲

于成虫发生初期，喷施 39.4% 杀虫·啶虫脒可溶粉剂 14~18 克/亩，安全间隔期为 5 天，每季最多用药 1 次。

第五节　芥菜类蔬菜

主要虫害有小菜蛾、黄条跳甲、菜青虫等。

一、小菜蛾

可在小菜蛾幼虫 2~3 龄期与芥菜抽薹期前用药防治，喷施 15% 多杀霉素·虱螨脲悬浮剂 10~12 毫升/亩，用水量 40~50 千克/亩，安全间隔期为 7 天，每季用药 1 次。

二、黄条跳甲

可在成虫开始活动尚未产卵时，喷施 32 000 IU/毫克苏云金杆菌 G033A 可湿性粉剂 150~200 克/亩，兑水量 30 千克/亩；虫口密度不大、点片发生时，使用低剂量喷药即可；当普遍发生、为害扩散、存在世代重叠等情况时，应使用推荐的高剂量。

三、菜青虫

在茎瘤芥菜青虫卵孵化盛期或低龄幼虫期，喷施 180 亿孢子/毫升金龟子绿僵菌 CQMa421 可分散油悬浮剂 60~90 毫升/亩，兑水量 40~60 千克/亩，进行防治。

第六节　根菜类蔬菜

一、萝卜

主要虫害有蚜虫、黄条跳甲、地老虎、根结线虫、小菜蛾、甜菜夜蛾、菜青虫等。

（一）蚜虫

可在虫害发生期用药防治，可喷施 25%吡虫·辛硫磷乳油 600~900 克/亩，或 70%吡虫啉水分散粒剂 1.5~2 克/亩，其中吡虫·辛硫磷安全间隔期为 7 天，每季最多用药 2 次，吡虫啉水分散粒剂安全间隔期为 14 天，每季最多用药 2 次；也可在虫害始盛期，喷施 1.8% 阿维·吡虫啉可湿性粉剂 30~50 克/亩，安全间隔期为 14 天，每季最多用药 2 次。

（二）黄条跳甲

可在害虫低龄期用药防治，可喷施 10% 啶虫脒乳油 60~120 毫升/亩，安全间隔期为 14 天，每季最多用药 1 次；也可在虫害发生初期，喷施 15% 哒螨灵乳油 40~60 毫升/亩，或 50% 联苯·呋虫胺水分散粒剂 6~10 克/亩，两种药物安全间隔期均为 14 天，其中哒螨灵乳油每季最多用药 2 次，联苯·呋虫胺每季最多用药 1 次；也可在虫害始盛期，喷施 25% 哒螨·噻虫胺悬浮剂 30~50 克/亩，安全间隔期为 14 天，每季最多用药 1 次；也可在成虫发生初期，用 50% 二嗪磷乳油 400~500 毫升/亩喷雾防治，安全间隔期为 21 天，每季最多用药 1 次；也可在成虫开始活动尚未产卵时，喷施 32 000 IU/毫克苏云金杆菌 G033A 可湿性粉剂 150~200 克/亩；也可在成虫盛发期，喷施 5% 啶虫脒乳油 60~120 毫升/亩，或 25% 啶虫脒乳油 12~24 毫升/亩，安全间隔期为 21 天，每季最多用药 2 次。

（三）地老虎

可在害虫卵孵化盛期或低龄幼虫期用药防治，土壤撒施 2 亿孢子/克金龟子绿僵菌 CQMa421 颗粒剂 4~6 千克/亩，尽量使颗粒剂在作物根部周围。

（四）根结线虫

可在萝卜播种当天，土壤撒施 10% 噻唑膦颗粒剂 1 500~

2 000 千克/亩进行防治，药剂和土壤混合深度需 15~20 厘米，每季最多用药 1 次。

（五）小菜蛾

可在小菜蛾产卵后幼虫孵化前 2~3 天，喷施 100 亿活芽孢/毫升苏云金杆菌悬浮剂 100~150 毫升/亩，每隔 10~15 天用药 1 次；也可在卵孵盛期至低龄幼虫发生初期，喷施 1.8%阿维菌素乳油 30~40 毫升/亩，或 8 000 IU/微升苏云金杆菌悬浮剂 100~150 毫升/亩，其中阿维菌素乳油安全间隔期为 7 天，每季最多用药 2 次；也可在幼虫低龄期提前 2~3 天，用 8 000 IU/毫克苏云金杆菌可湿性粉剂 100~300 克/亩喷雾防治；也可在低龄幼虫发生始盛期，用 32 000 IU/毫克苏云金杆菌 G033A 可湿性粉剂 75~100 克/亩，兑水 30 千克/亩喷雾防治。

（六）甜菜夜蛾

可在幼虫 3 龄前用药防治，可喷施 5%氟啶脲乳油 60~80 克/亩，安全间隔期为 7 天，每季最多用药 3 次。

（七）菜青虫

可在菜青虫产卵后幼虫孵化前 2~3 天用药防治，喷施 100 亿活芽孢/毫升苏云金杆菌悬浮剂 100~150 毫升/亩，每隔 10~15 天用药 1 次；也可在卵孵盛期至低龄幼虫发生初期，用 8 000 IU/微升苏云金杆菌悬浮剂 100~150 毫升/亩喷雾防治；也可在幼虫低龄期提前 2~3 天，用 8 000 IU/毫克苏云金杆菌可湿性粉剂 100~300 克/亩喷雾防治；也可在虫害发生初期，用 40%辛硫磷乳油 75~100 毫升/亩喷雾防治，每 7 天用药 1 次，可连续用药 1~3 次，安全间隔期为 7 天，每季最多用药 3 次。

二、胡萝卜

主要虫害有地老虎、根结线虫、蛴螬等。

（一）地老虎

可在胡萝卜播种前用药防治，将 1% 氯虫苯甲酰胺颗粒剂 200~600 克/亩与适量细土混合均匀后撒施，每季最多用药 1 次。也可于低龄幼虫发生初期用药防治，用 50 克/升氟氯氰菊酯乳油 20~40 毫升/亩，兑水 50~60 千克/亩后，根部喷淋 1 次，安全间隔期为 21 天。

（二）根结线虫

在胡萝卜播种时，沟施 400 克/升氟吡菌酰胺悬浮剂 60~80 毫升/亩，1 米行长药液量为 1 000 毫升，每季最多用药 1 次。

（三）蛴螬

可于低龄幼虫发生初期用药防治，用 50 克/升氟氯氰菊酯乳油 100~150 毫升/亩，兑水 50~60 千克/亩后，根部喷淋 1 次，安全间隔期为 21 天。

第七节　葱蒜类蔬菜

一、韭

主要虫害有韭蛆、蓟马、蚜虫、葱须鳞蛾、迟眼蕈蚊、蛴蛴、蝼蛄等。

（一）韭蛆

在韭菜收割后 2~3 天或定植期，在孵盛期或韭蛆幼虫发生初期用药，灌根 25%噻虫嗪水分散粒剂 180~240 克/亩，或 50%噻虫嗪水分散粒剂 90~120 克/亩，或 40%噻虫嗪·虱螨脲（噻虫嗪 300 克/升、虱螨脲 100 克/升）110~130 毫升/亩，或 70%灭蝇胺可湿性粉剂 143~214 克/亩，或 30%噻虫胺悬浮剂 70~80 毫升/亩，或 48%噻虫胺悬浮剂 40~50 毫升/亩根部喷淋 1 次，药后浇足水；可撒施 0.5%噻虫胺颗粒剂 3 000~4 200 克/亩，或 2 亿孢子/克金龟子绿僵菌 CQMa421 颗粒剂 4~6 千克/亩。

在幼虫为害盛期，即韭菜叶子叶尖开始发黄而变软并逐渐向地面倒伏时，用 10%氟铃脲悬浮剂 200~300 克/亩，或 21%噻虫嗪悬浮剂 450~550 毫升/亩灌根；或用 150 亿孢子/克球孢白僵菌颗粒剂 250~300 克/亩撒施，然后浇水，安全间隔期为 21 天，每季最多用药 1 次。

也可用 99%硫酰氟气体制剂 75~100 克/米^2 土壤熏蒸，于移栽前进行覆膜土壤熏蒸 7~15 天，揭膜通风 15 天后种植；在韭菜上最多用药 1 次。

（二）蓟马

在韭菜收割后 2~3 天，用 25%噻虫嗪水分散粒剂 10~15 克/亩，或 50%噻虫嗪水分散粒剂 5~7.5 克/亩喷雾，进行根部喷淋；在蓟马发生初期开始用药，用 70%噻虫嗪水分散粒剂 3.6~5.3 克/亩喷雾，兑水量为 45 千克/亩左右，安全间隔期为 14

天，每季最多用药 1 次。

（三）蚜虫

在蚜虫发生初期，用 4.5% 高效氯氰菊酯乳油 15～30 毫升/亩，或 0.3% 苦参碱水剂 250～375 毫升/亩喷雾，在韭菜上用药安全间隔期为 10 天，每季最多用药 1 次。

（四）葱须鳞蛾

在盛期和低龄幼虫期用药，用 4.5% 高效氯氰菊酯乳油 30～50 毫升/亩，或 0.5% 甲氨基阿维菌素微乳剂 60～80 毫升/亩喷雾，安全间隔期为 10 天，每季最多用药 1 次；也可用 1% 甲氨基阿维菌素微乳剂 30～40 毫升/亩，或 2% 甲氨基阿维菌素微乳剂 15～20 毫升/亩（兑水量 40～54 千克/亩），或 3% 甲氨基阿维菌素微乳剂 10～13 毫升/亩，或 5% 甲氨基阿维菌素微乳剂 6～8 毫升/亩喷雾，安全间隔期为 14 天，每季最多用药 1 次。

（五）迟眼蕈蚊

用 4.5% 高效氯氰菊酯乳油 10～20 毫升/亩喷雾，安全间隔期为 10 天，每季最多用药 1 次。

（六）蛴螬

用 99% 硫酰氟气体制剂 50～100 克/米^2 土壤熏蒸，于移栽前进行覆膜土壤熏蒸 7～15 天，揭膜通风 15 天后种植，在韭菜上最多用药 1 次。

（七）蝼蛄

用 99% 硫酰氟气体制剂 50～100 克/米^2 土壤熏蒸，于移栽前进行覆膜土壤熏蒸 7～15 天，揭膜通风 15 天后种植，在韭菜上

最多用药1次。

二、大葱

主要虫害有甜菜夜蛾、根蛆、斑潜蝇、美洲斑潜蝇、蓟马等。

（一）甜菜夜蛾

在卵孵盛期和低龄幼虫期，用8 000 IU/毫克苏云金杆菌可湿性粉剂150~200克/亩，或16 000 IU/毫克苏云金杆菌可湿性粉剂75~100克/亩，或32 000 IU/毫克苏云金杆菌可湿性粉剂37.5~50克/亩，或0.5%甲氨基阿维菌素微乳剂20~30毫升/亩，或1%甲氨基阿维菌素微乳剂10~15毫升/亩，或2%甲氨基阿维菌素微乳剂5~7.5毫升/亩（兑水量40~54千克/亩），或3%甲氨基阿维菌素微乳剂3.4~5毫升/亩，或5%甲氨基阿维菌素微乳剂2~3毫升/亩，或15%茚虫威悬浮剂15~20毫升/亩，或0.3%苦参碱水剂135~148毫升/亩喷雾，喷雾1次，安全间隔期为14天；可用10%溴氰虫酰胺可分散油悬浮剂10~18毫升/亩喷雾，安全间隔期为3天；也可用20%甲氧虫酰肼·虱螨脲（甲氧虫酰肼10%、虱螨脲10%）悬浮剂10~20毫升/亩喷雾（兑水量45~50千克/亩），安全间隔期为10天，每季最多用药1次；或用34%乙多·甲氧虫（甲氧虫酰肼28.3%、乙基多杀菌素5.7%）悬浮剂20~24毫升/亩，0.5%苦参碱水剂80~90毫升/亩喷雾，一般可连续用药2~3次。

（二）根蛆

在田间大蒜出现少量黄叶尖，根蛆始发期，用25%噻虫嗪水分散粒剂 180~360 克/亩喷淋根部 1 次；也可用 1%呋虫胺颗粒剂 2 500~3 500 克/亩，或 1%噻虫胺颗粒剂 1 500~2 500 克/亩沟施，每季最多用药 1 次。

（三）斑潜蝇

在低龄幼虫始发期，用 30%灭蝇胺可湿性粉剂 33~50 克/亩，或 50%灭蝇胺可湿性粉剂 20~30 克/亩，或 70%灭蝇胺可湿性粉剂 15~21 克/亩（兑水量 40~50 千克/亩），或 80%灭蝇胺可湿性粉剂 13~18 克/亩喷雾，安全间隔期为 14 天，每季最多用药 1 次；也可用 70%呋虫胺·灭蝇胺（呋虫胺 20%、灭蝇胺 50%）水分散粒剂 10~20 克/亩（兑水量 45~50 千克/亩）喷雾，用药 1 次，安全间隔期为 10 天，每季最多用药 1 次。

（四）美洲斑潜蝇

在害虫初现时用药，用 10%溴氰虫酰胺可分散油悬浮剂 10~18 毫升/亩喷雾，重发生时可于 7 天后（或根据当地害虫发生情况适当调整）再用药 1 次，安全间隔期为 3 天。

（五）蓟马

在蓟马发生初期、卵孵高峰期至低龄若虫发生始盛期喷雾用药，用 150 克/升吡丙醚·联苯菊酯（联苯菊酯 50 克/升、吡丙醚 100 克/升）水乳剂 35~45 毫升/亩，或 20%呋虫胺·溴氰菊酯（呋虫胺 17.5%、溴氰菊酯 2.5%）悬浮剂 20~25 毫升/亩（兑水量 45~50 千克/亩），或 50%呋虫胺可溶粒剂 10~20 克/亩，或 60%呋虫胺·氟啶虫酰胺（呋虫胺 40%、氟啶虫酰胺 20%）水分散粒剂 5~7.5 克/亩（用水量为 40~50 千克/亩），

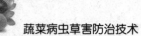

或 8%甲氨基阿维菌素可溶特剂 2~2.5 毫升/亩，或 21%多杀霉素·呋虫胺（呋虫胺 18%、多杀霉素 3%）悬浮剂 15~25 毫升/亩（兑水量为 50 千克/亩），或 30%虫螨腈·噻虫胺（虫螨腈 10%、噻虫胺 20%）悬浮剂 10~20 毫升/亩，或 50%虫螨腈·噻虫胺（虫螨腈 20%、噻虫胺 30%）水分散粒剂 8~12 克/亩，或 50%氟啶虫酰胺·噻虫胺（氟啶虫酰胺 25%、噻虫胺 25%）水分散粒剂 10~14 克/亩，或 20%虫螨腈·氟啶虫酰胺（虫螨腈 10%、氟啶虫酰胺 10%）悬浮剂 20~30 毫升/亩喷雾，用药 1 次，安全间隔期为 5 天，每季最多用药 1 次。

三、大蒜

主要虫害有蒜蛆、迟眼蕈蚊、截形叶螨、蛴螬、蝼蛄等。

（一）蒜蛆

24%苯醚·咯·噻虫（苯醚甲环唑 0.8%、咯菌腈 0.8%、噻虫嗪 22.4%）悬浮种衣剂 200~250 毫升/100 千克种子包衣，种子包衣方法：按照播种量，量取推荐用量的药剂，加入适量水稀释并搅拌均匀成药浆，与种子充分搅拌混合，晾干后即可播种。

在田间大蒜出现少量黄叶尖，根蛆始发期喷淋根部 1 次，用 25%噻虫嗪水分散粒剂 180~360 克/亩，或 5%氟铃脲乳油 450~600 毫升/亩喷淋，最多用药 1 次，青蒜和蒜薹的安全间隔期为 10 天，大蒜的安全间隔期为收获期；用 35%辛硫磷微囊悬浮剂 520~700 克/亩灌根，安全间隔期为 17 天，每季最多用药 1 次。

在害虫卵孵化盛期或低龄幼虫发生高峰期兑水均匀喷雾，用25%马拉·辛硫磷（马拉硫磷12.5%、辛硫磷12.5%）乳油750~1 000毫升/亩，或26%高氟氯·噻虫胺（高效氟氯氰菊酯6%、噻虫胺20%）悬浮剂2 000~4 000倍液，或42%高氟氯·噻虫胺（高效氟氯氰菊酯5%、噻虫胺37%）悬浮剂3 500~5 500倍液灌根，安全间隔期为28天，每季最多用药1次。

在大蒜根蛆发生初期灌根用药1次，用3%噻虫啉微囊悬浮剂800~1 200毫升/亩灌根兑水100~500千克/亩，或0.06%噻虫胺颗粒剂35~40千克/亩撒施，每季最多用药1次；或用1%噻虫胺颗粒剂2 100~2 400克/亩撒施，安全间隔期为14天，每季最多用药1次；或用99%硫酰氟气体制剂75~100克/米² 土壤熏蒸，于移栽前进行覆膜土壤熏蒸7~15天，揭膜通风15天后种植，最多用药1次。

（二）迟眼蕈蚊

27%苯醚·咯·噻虫（苯醚甲环唑2.2%、咯菌腈2.2%、噻虫嗪22.6%）悬浮种衣剂100~200毫升/100千克种子包衣，按照播种量，量取推荐用量的药剂，加入适量水稀释并搅拌均匀成药浆［药浆种子比为1:（50~100），即100千克种子对应的药浆为1~2升］，将种子倒入，充分搅拌均匀，晾干后即可播种。

（三）截形叶螨

43%联苯肼酯悬浮剂20~30毫升/亩喷雾，安全间隔期为7天，每季最多用药1次。

（四）蛴螬

用99%硫酰氟气体制剂50~100克/米²土壤熏蒸，于移栽前进行覆膜土壤熏蒸7~15天，揭膜通风15天后种植，在韭菜上最多用药1次。

（五）蝼蛄

用99%硫酰氟气体制剂50~100克/米²土壤熏蒸，于移栽前进行覆膜土壤熏蒸7~15天，揭膜通风15天后种植，在韭菜上最多用药1次。

四、韭葱

主要虫害有韭蛆等。

韭蛆：28%虫螨腈·噻虫胺（虫螨腈8%、噻虫胺20%）悬浮剂80~100毫升/亩灌根，于韭葱韭蛆幼虫发生初期灌根处理，用水量300~450千克/亩。在韭葱上，安全间隔期为21天，每季最多用药1次。

五、藠头

主要虫害有韭蛆等。

韭蛆：30%噻虫嗪悬浮剂333.3~400克/亩灌根，于韭葱韭蛆幼虫发生初期灌根处理，用水量300~400千克/亩，于藠头韭蛆发生初期灌根用药1次。

第八节　绿叶菜类蔬菜

一、菠菜

主要虫害有蚜虫、甜菜夜蛾、小菜蛾等。

（一）蚜虫

在菠菜蚜虫发生始盛期，成、若虫发生期用药，用5%啶虫脒乳油30~50毫升/亩，或25%啶虫脒乳油6~10毫升/亩，或20%联苯·噻虫胺（联苯菊酯10%、噻虫嗪10%）悬浮剂6~9毫升/亩，或21%联苯·噻虫嗪（联苯菊酯8.7%、噻虫嗪12.3%）悬浮剂8~12毫升/亩，或10%吡虫啉可湿性粉剂20~30克/亩，或20%吡虫啉可湿性粉剂10~15克/亩，或25%吡虫啉可湿性粉剂8~12克/亩，或70%吡虫啉可湿性粉剂3~4克/亩（兑水750克/公顷左右），或10%氟啶虫酰胺·溴氰菊酯（溴氰菊酯2.5%、氟啶虫酰胺7.5%）悬浮剂15~25毫升/亩（兑水40~50千克/亩），或12%噻虫胺·溴氰菊酯（溴氰菊酯2.5%、噻虫胺9.5%）微囊悬浮-悬浮剂10~20克/亩，或10%虱螨脲·溴氰菊酯（溴氰菊酯2%、虱螨脲8%）悬浮剂10~20克/亩喷雾，安全间隔期为5天，每季最多用药1次。

（二）甜菜夜蛾

在菠菜甜菜夜蛾卵孵盛期至低龄幼虫发生始盛期喷雾用药，

用10%氯虫苯甲酰胺·茚虫威（茚虫威5%、氯虫苯甲酰胺5%）悬浮剂25~35毫升/亩，或10%溴氰菊酯·茚虫威（溴氰菊酯5%、茚虫威5%）悬浮剂9~15毫升/亩，或10%阿维·虱螨脲（阿维菌素3%、虱螨脲7%）悬浮剂15~25毫升/亩，或120克/升虱螨脲·茚虫威（茚虫威50克/升、虱螨脲70克/升）悬浮剂20~30毫升/亩，或19%氯氟·虱螨脲（虱螨脲9.5%、高效氯氟氰菊酯9.5%）悬浮剂3~7毫升/亩，或15%虫螨腈·溴氰菊酯（虫螨腈12.5%、溴氰菊酯2.5%）悬浮剂15~25克/亩，或24%虫螨腈·虱螨脲（虫螨腈19%、虱螨脲5%）悬浮剂15~20毫升/亩，或30%虫螨腈·氯虫苯甲酰胺（虫螨腈20%、氯虫苯甲酰胺10%）悬浮剂10~15毫升/亩，或50%虫螨腈·氯虫苯甲酰胺（虫螨腈30%、氯虫苯甲酰胺20%）悬浮剂6~10毫升/亩，或22%甲氧肼·氯虫苯（甲氧虫酰肼11%、氯虫苯甲酰胺11%）悬浮剂10~20毫升/亩喷雾，兑水量40~50千克/亩，安全间隔期为5天，每季最多用药1次。

（三）小菜蛾

在菠菜小菜蛾低龄幼虫始盛期喷雾用药，用10%联苯·虱螨脲（联苯菊酯5%、虱螨脲5%）悬浮剂10~20毫升/亩喷雾，安全间隔期为5天，每季最多用药1次。

二、叶用莴苣

主要虫害有蚜虫、小菜蛾等。

（一）蚜虫

在叶用莴苣蚜虫发生初期用药，用25%吡蚜酮悬浮剂16~

24 毫升/亩（用水量 40 千克/亩）喷雾，安全间隔期为 10 天，每季最多用药 1 次。

（二）小菜蛾

防治叶用莴苣小菜蛾低龄幼虫期喷雾用药，用 150 克/升茚虫威悬浮剂 10~12 毫升/亩喷雾，安全间隔期为 3 天，每季最多用药 1 次。

三、芹菜

主要虫害有蚜虫、甜菜夜蛾等。

（一）蚜虫

在芹菜蚜虫成、若虫发生初期防治，用 1.5%苦参碱可溶液剂 30~40 毫升/亩，或 25%噻虫胺·溴氰菊酯（溴氰菊酯 50 克/升、噻虫胺 200 克/升）悬浮剂 6~10 毫升/亩喷雾，安全间隔期为 10 天，每季最多用药 1 次；可用 25%噻虫嗪水分散粒剂 4~8 克/亩（兑水量 30~60 千克/亩），或 25%吡蚜酮可湿性粉剂 20~32 克/亩喷雾，安全间隔期为 10 天，每季最多用药 3 次；也可用 15%氯氟·呋虫胺（呋虫胺 7.5%、高效氯氟氰菊酯 7.5%）微囊悬浮-悬浮剂 6~10 毫升/亩，或 15%氟啶虫酰胺·联苯菊酯（联苯菊酯 5%、氟啶虫酰胺 10%）悬浮剂 8~16 毫升/亩，或 10%呋虫胺·溴氰菊酯（呋虫胺 7.5%、溴氰菊酯 2.5%）悬浮剂 15~20 毫升/亩，或 30%螺虫乙酯·溴氰菊酯（溴氰菊酯 5%、螺虫乙酯 25%）悬浮剂 10~12 毫升/亩喷雾，蚜虫发生初期，安全间隔期为 7 天，每季最多用药 1 次。

在蚜虫发生高峰初期用药，用 5% 啶虫脒乳油 24~36 毫升/亩（用水量>45 千克/亩），或 50% 噻虫嗪水分散粒剂 2~4 克/亩喷雾，喷雾 1 次；或用 10% 啶虫脒乳油 12~18 毫升/亩，或 10% 吡虫啉可湿性粉剂 10~20 克/亩，或 20% 吡虫啉可湿性粉剂 5~10 克/亩，或 25% 吡虫啉可湿性粉剂 4~8 克/亩，或 50% 吡虫啉可湿性粉剂 2~4 克/亩，或 70% 吡虫啉可湿性粉剂 1.5~2.5 克/亩（兑水 30 千克/亩）喷雾，安全间隔期为 7 天，每季最多用药 3 次。

（二）甜菜夜蛾

用 1% 苦皮藤素水乳剂 90~120 毫升/亩喷雾，安全间隔期为 10 天，每季最多用药 2 次。

四、蕹菜

主要虫害有斜纹夜蛾等。

斜纹夜蛾：在卵发育末期或低龄幼虫期兑水喷雾，用 20% 虫酰肼悬浮剂 25~42 毫升/亩（用水 50 千克/亩）喷雾，每隔 7~10 天喷 1 次，安全间隔期为 5 天，每季最多用药 1 次。

第九节　豆类蔬菜

一、菜豆

主要虫害有美洲斑潜蝇、蚜虫、黄条跳甲、甜菜夜蛾、豆蓟螟等。

（一）美洲斑潜蝇

于菜豆美洲斑潜蝇卵孵盛期至低龄幼虫期，用1%阿维·高氯（阿维菌素0.2%+高效氯氰菊酯0.8%）乳油60~80毫升/亩喷雾，安全间隔期为5天，每季最多用药2次；用1%阿维菌素水乳剂100~150毫升/亩喷雾，安全间隔期为7天，每季最多用药3次；用31%阿维·灭蝇胺（阿维菌素0.7%+灭蝇胺30.3%）悬浮剂17~27毫升/亩喷雾，用药间隔期为5~7天，安全间隔期为7天，每季最多用药2次；用30%灭胺·杀虫单可湿性粉剂50~75克/亩喷雾，安全间隔期为7天，每季最多用药2次；用50%灭胺·杀虫单可溶粉剂35~45克/亩喷雾，安全间隔期5天，每季最多用药1次；用60%灭胺·杀虫单可溶粉剂25~35克/亩喷雾，安全间隔期为5天，每季最多用药2次。

（二）蚜虫

于蚜虫始盛期用药，用10%氯氰·敌敌畏乳油30~50克/亩喷雾，安全间隔期为7天，每个作物最多用药2次。

（三）黄条跳甲

于黄条跳甲发生初期，用6%联菊·啶虫脒（啶虫脒3%+联苯菊酯3%）微乳剂100~140毫升/亩喷雾，安全间隔期为7天，每季最多用药1次。

（四）甜菜夜蛾

于甜菜夜蛾产卵高峰期至低龄幼虫盛发初期，用30亿PIB/毫升甜菜夜蛾核型多角体病毒20~30毫升/亩喷雾，或300亿

PIB/克甜菜夜蛾核型多角体病毒水分散粒剂 2~5 克/亩喷雾。

（五）豆荚螟

在豇豆开花始盛期（豆荚螟幼虫发生始盛发期），用 50 克/升虱螨脲乳油 40~50 毫升/亩喷雾，每亩兑水 30~60 升，安全间隔期 7 天，每季最多用药 3 次。

二、长豇豆

主要虫害有蓟马、豆荚螟、二斑叶螨、蚜虫、斜纹夜蛾、甜菜夜蛾、大豆卷叶螟、美洲斑潜蝇等。

（一）蓟马

在豇豆蓟马若虫发生初期，用 0.5%苦参碱水剂 90~120 毫升/亩喷雾。用 400 克/升虫螨·噻虫嗪悬浮剂 10~20 毫升/亩，或 45%吡虫啉·虫螨腈悬浮剂 15~20 毫升/亩喷雾，安全间隔期为 5 天，每季用药 1 次；用 5%啶虫脒乳油 30~40 毫升/亩喷雾，或 10%啶虫脒乳油 9~15 毫升/亩，或 25%噻虫嗪水分散粒剂 15~20 克/亩，或 9.5%多杀素·甲维（多杀霉素 6%+甲氨基阿维菌素 3.5%）微乳剂 4~6 毫升/亩，或 480 克/升多杀霉素悬浮剂 2.5~3 毫升/亩喷雾，安全间隔期为 3 天，最多用药 1 次；用 50%噻虫嗪水分散粒剂 7.5~10 克/亩，或 5%多杀霉素悬浮剂 25~30 毫升/亩，或 10%多杀霉素悬浮剂 12.5~15 毫升/亩，或 20%多杀霉素悬浮剂 6.25~7.5 毫升/亩，或 25 克/升多杀霉素悬浮剂 50~60 毫升/亩喷雾，或 30%虫螨·噻虫嗪悬浮剂 30~40 毫升/亩喷雾，安全间隔期为 5 天，每季最多用药 1 次；用 0.5%甲氨基阿维菌素微乳剂 36~48 毫升/亩，或 6.8% 多杀·甲维盐悬浮剂 10~12 毫升/亩喷雾，安全间隔期为 7 天，每季最多用药 1 次；用 10% 溴氰虫酰胺可分散油悬浮剂 33.3~40 毫升/亩喷雾，安全间隔期为 3 天，每季最多用药 3 次；在蓟马低龄若虫高峰期，用 40% 氟啶·噻虫嗪（氟啶虫酰胺 14%+ 噻虫嗪 26%）悬浮剂 8~10 毫升/亩喷雾，安全间隔期为 5 天，最多用药 1 次；用 100 亿孢子/克金龟子绿僵菌油悬浮剂 25~35 克/亩喷雾，对豇豆整株均匀喷雾；用 11.8% 甲维·氟虫酰（氟啶虫酰胺 10%+ 甲氨基阿维菌素 1.8%）微乳剂 15~25 毫升/亩喷雾，安全间隔期为 7 天，每季用药 1 次。

（二）豆荚螟

于豇豆豆荚螟幼虫孵化初期，用 32 000 IU/毫克苏云金杆菌可湿性粉剂 75~100 克/亩喷雾。用 0.5% 甲氨基阿维菌素微乳剂 36~48 毫升/亩喷雾，或 1% 甲氨基阿维菌素微乳剂 18~24 毫升/亩，或 2% 甲氨基阿维菌素微乳剂 9~12 毫升/亩喷雾，安全间隔期为 7 天，每季最多用药 1 次；用 4.5% 高效氯氰菊酯乳油 30~40 毫升/亩喷雾，安全间隔期为 3 天，每季最多用药 1 次，每亩兑水 60 千克左右均匀喷雾；用 10% 溴氰虫酰胺可分散油悬浮剂 14~18 毫升/亩喷雾，安全间隔期为 3 天，每季最多用药 3 次；用 23% 茚虫威水分散粒剂 8~11.5 克/亩，或 30% 茚虫威水分散粒剂 6~9 克/亩喷雾，安全间隔期为 3 天，每期用药 1 次；也可在豇豆豆荚螟成虫卵孵高峰期（豇豆始花期），用 5% 氯虫苯甲酰胺悬浮剂 20~60 毫升/亩喷雾，安全间隔期为 5 天，每季最多用药1次；用25%乙基多杀菌素水分散粒剂12~14克/亩喷雾，用药间隔7~10天，安全间隔期为7天，每个作物周期最多用药2次；用16 000 IU/毫克苏云金杆菌可湿性粉剂75~100克/亩喷雾；也可在低龄幼虫期，用50%二嗪磷乳油50~75毫升/亩喷雾，安全间隔期为5天，每期用药1次；用22%螺虫·噻虫啉（螺虫乙酯11%+噻虫啉11%）悬浮剂30~40毫升/亩喷雾，安全间隔期为3天，每季最多用药2次；用14%氯虫·高氯氟（氯虫苯甲酰胺9.3%+高效氯氟氰菊酯4.7%）微囊悬浮–悬浮剂10~20毫升/亩喷雾，安全间隔期为14天，每季最多用药2次。

（三）二斑叶螨

豇豆二斑叶螨发生初期，用43%联苯肼酯悬浮剂20~30毫升/亩喷雾，用药1次，兑水量为40~50千克/亩。

（四）蚜虫

蚜虫发生初期，用10%溴氰虫酰胺可分散油悬浮剂33.3~40毫升/亩喷雾，安全间隔期为3天，每季最多用药3次；用24%阿维·氟啶（阿维菌素3.3%+氟啶虫酰胺20.7%）悬浮剂20~30毫升/亩喷雾，安全间隔期为3天，每季最多用药1次。

（五）斜纹夜蛾

在低龄幼虫发生期，用1%苦皮藤素水乳剂90~120毫升/亩喷雾，安全间隔期为10天，每季最多用药2次。

（六）甜菜夜蛾

于甜菜夜蛾产卵高峰期至低龄幼虫盛发初期，用30亿PIB/毫升甜菜夜蛾核型多角体病毒20~30毫升/亩，或300亿PIB/克甜菜夜蛾核型多角体病毒水分散粒剂 2~5 克/亩喷雾。用 80 亿孢子/毫升金龟子绿僵菌 CQMa421 可分散油悬浮剂 40~60 毫升/亩喷雾，采用 2 次稀释法，现配现用，兑水量 40~60 千克/亩。

（七）大豆卷叶螟

用 100 克/升顺式氯氰菊酯乳油 10~13 毫升/亩喷雾，安全间隔期为 5 天，每季最多用药 2 次。

（八）美洲斑潜蝇

在叶片上潜叶蝇幼虫 1 毫米左右或叶片受害率达 10%~20% 时，用 60 克/升乙基多杀菌素悬浮剂 50~58 毫升/亩喷雾，安全间隔期为 3 天，每个周期最多用药 2 次。

三、菜用大豆

主要虫害有蚜虫、造桥虫、食心虫、地下害虫、甜菜夜蛾、天蛾、蛴螬、豆荚螟、孢囊线虫、蓟马、美洲斑潜蝇、蝼蛄、金针虫等。

（一）蚜虫

在害虫卵孵盛期至低龄幼虫期，用 50 克/升 S-氰戊菊酯乳油 10~20 毫升/亩喷雾，安全间隔期为 10 天，每季最多用药 2 次；用 522.5 克/升氯氰·毒死蜱（毒死蜱 475 克/升+氯氰菊酯 47.5 克/升）乳油 20~25 毫升/亩喷雾，用药 1~2 次，间隔 10 天。安全间隔期为 59 天，每季最多用药 2 次；用 20% 哒嗪硫磷乳油 800 倍液喷雾；或在低龄若虫或幼虫期，用 22% 噻虫·高氯氟（噻虫嗪 12.6%+高效氯氟氰菊酯 9.4%）微囊悬浮-悬浮剂

5~9 毫升/亩喷雾，安全间隔期为 15 天，每季最多用药 2 次；用 4%高氯·吡虫啉乳油 30~40 克/亩喷雾，安全间隔期不少于 30 天，每季最多用药 2 次；用 30%多·福·克（多菌灵 15%+福美双 10%+克百威 10%）悬浮种衣剂 1:（80~100）（药种比）种子包衣；用 35%噻虫·福·萎锈悬浮种衣剂 500~570 毫升/100 千克种子包衣，或 30%噻虫嗪种子处理悬浮剂 210~280 毫升/100 千克种子包衣，或 48%噻虫嗪悬浮种衣剂 160~180 毫升/100 千克种子包衣，每季最多用药 1 次；或在蚜虫始盛期，用 20%氰戊菊酯乳油 10~20 克/亩喷雾，安全间隔期为 10 天，每季最多用药 1 次。

（二）造桥虫

在低龄若虫或幼虫期，用 22%噻虫·高氯氟（噻虫嗪 12.6%+高效氯氟氰菊酯 9.4%）微囊悬浮-悬浮剂 5~9 毫升/亩喷雾，安全间隔期为 15 天，每季最多用药 2 次；用 97%、90% 敌百虫原药 124 克/亩或 133 克/亩喷雾，安全间隔期为 14 天，每季最多用药 2 次。

（三）食心虫

在大豆食心虫处于卵孵化高峰期后 3~5 天，用 14%氯虫·高氯氟（氯虫苯甲酰胺 9.3%+高效氯氟氰菊酯 4.7%）微囊悬浮-悬浮剂 10~20 毫升/亩喷雾，安全间隔期为 20 天，每季最多用药 2 次；用 45%马拉硫磷乳油 80~110 毫升/亩喷雾，安全间隔期为 7 天，每季最多用药 2 次；用 50%倍硫磷乳油 120~160 毫升/亩喷雾，安全间隔期为 45 天，每季最多用药 2 次；用 40%

毒死蜱乳油 80~100 克/亩喷雾，安全间隔期为 24 天，每季最多用药 2 次；用 25 克/升高效氯氟氰菊酯乳油 15~20 克/亩喷雾，安全间隔期为 30 天，每季最多用药 2 次；或在大豆食心低龄虫期，用 2.5%高效氯氟氰菊酯水乳剂 16~20 毫升/亩，或 20%氯氰·辛硫磷乳油 30~40 克/亩喷雾，安全间隔期为 14 天，每季最多用药 2 次。

（四）地下害虫

用 9%克百威悬浮种衣剂 1∶（50~60）（药种比）种子包衣。用 25%丁硫·福美双悬浮种衣剂 2 000~2 500 克/100 千克种子包衣；用 38%多·福·毒死蜱（多菌灵 10%+福美双 20%+毒死蜱 8%）悬浮种衣剂 1 250~1 667 克/100 千克种子包衣；用 25%多·福·克（多菌灵 8%+福美双 10%+克百威 7%）悬浮种衣剂 1 666~2 000 克/100 千克种子包衣，或 26%多·福·克（多菌灵 8%+福美双 11%+克百威 7%）悬浮种衣剂 2 000~2 500 克/100 千克种子包衣，边往种子上倒边搅拌，至拌匀为止，阴干成膜后即可播种。

（五）甜菜夜蛾

在甜菜夜蛾低龄幼虫期，用 10%甲维·毒死蜱（甲氨基阿维菌素苯甲酸盐 0.1%+毒死蜱 9.9%）乳油 55~60 毫升/亩喷雾，安全间隔期为 21 天，每季最多用药 1 次；用 10%阿维·毒死蜱（甲氨基阿维菌素苯甲酸盐 0.1%+毒死蜱 9.9%）乳油 55~60 克/亩喷雾；或在甜菜蛾 2~3 龄幼虫高峰期，用 20%高氯·辛硫磷（高效氯氰菊酯 2%+辛硫磷 18%）乳油 80~100 毫升/亩喷雾，在 10 时前、16时后用药，安全间隔期为14天，最多用药2次。

（六）天蛾

在卵孵盛期至低龄幼虫期，用8 000 IU/毫克苏云金杆菌可湿性粉剂100~150克/亩喷雾，或16 000 IU/毫克苏云金杆菌可湿性粉剂100~150克/亩喷雾，连续用药3~5次。

（七）蛴螬

用0.5%毒死蜱颗粒剂30~36千克/亩喷雾，每季最多用药1次，于大豆翻种时土壤沟施1次。用38%多·福·克（多菌灵15%+福美双10%+克百威10%）种衣剂1∶（60~80）（药种比）种子包衣。在播种前进行拌种，每季用药1次。

（八）豆荚螟

用20%氰戊菊酯乳油20~40克/亩喷雾，安全间隔期为10天，每季最多用药1次。

（九）孢囊线虫

用4 000 IU/毫克苏云金杆菌悬浮种衣剂1∶（60~80）（药种比）种子包衣，搅拌至种衣剂均匀包裹种子，阴干后可用于播种；用20.5%多·福·甲维盐悬浮种衣剂药种比1∶（60~80）种子包衣；用35%多·福·克（多菌灵12%+福美双15%+克百威8%）悬浮种衣剂1∶（50~60）（药种比）种子包衣。

（十）蓟马

用30%多·福·克（多菌灵15%+福美双10%+克百威10%）悬浮种衣剂1∶（80~100）（药种比）种子包衣。

（十一）美洲斑潜蝇

在低龄幼虫盛发期，用23%杀双·灭多威可溶液剂40~50

克/亩喷雾，安全间隔期为 7 天，每个作物周期最多用药 2 次。

（十二）蝼蛄

用 38%多·福·克（多菌灵 15%＋福美双 10%＋克百威 10%）种衣剂 1：(60～80)（药种比）种子包衣。在播种前进行拌种，每季用药 1 次。

（十三）金针虫

用 38%多·福·克（多菌灵 15%＋福美双 10%＋克百威 10%）种衣剂 1：(60～80)（药种比）种子包衣。在播种前进行拌种，每季用药 1 次。

四、豌豆

主要虫害有潜叶蝇等。

潜叶蝇：于豌豆潜叶蝇低龄幼虫发生初期（潜叶蝇虫道开始出现时）喷雾用药 1 次，用溴氰虫酰胺 10%可分散油悬浮剂 14～22 毫升/亩喷雾，安全间隔期为 3 天，每季最多用药 1 次。

五、扁豆

主要虫害有二斑叶螨、甜菜夜蛾等。

（一）二斑叶螨

于扁豆二斑叶螨发生初期，用 30%腈吡螨酯悬浮剂 20～25 毫升/亩喷雾，兑水 40～50 千克/亩，对扁豆植株叶片正反面均匀喷雾。使用后扁豆至少应间隔 7 天收获。

（二）甜菜夜蛾

于甜菜夜蛾产卵高峰期至低龄幼虫盛发初期用药，用 300 亿

PIB/克甜菜夜蛾核型多角体病毒水分散粒剂2~5克/亩喷雾。用30亿PIB/毫升甜菜夜蛾核型多角体病毒悬浮剂20~30毫升/亩喷雾，于甜菜夜蛾卵孵化高峰期用药，于作物新生部分、叶片背部等害虫喜欢咬食的部位应重点喷洒。

第十节 薯芋类蔬菜

一、马铃薯

主要虫害有蛴螬、根结线虫、金针虫、线虫、蚜虫、白粉虱、马铃薯块茎蛾、甲虫、二十八星瓢虫等。

（一）蛴螬

用0.5%噻虫胺颗粒剂3 000~5 000克/亩沟施，或0.6%噻虫·氟氯氰颗粒剂4 000~5 000克/亩沟施，于马铃薯播种前拌细沙施于播种沟内，然后覆土，每季最多用药1次；用30%吡醚·咯·噻虫种子处理可分散粉剂（吡唑醚菌酯10%+咯菌腈2%+噻虫胺18%）120~140克/100千克种子拌种，每季最多用药1次；用30%咯菌腈·嘧菌酯·噻虫嗪（嘧菌酯9.5%+咯菌腈0.5%+噻虫嗪20%）种子处理可分散粉剂67~100克/100千克种薯/亩拌种；用1.6%氯虫·噻虫胺（噻虫胺1.2%+氯虫苯甲酰胺0.4%）颗粒剂450~600克/亩沟施；在马铃薯开沟播种后，在种薯周围沟施再覆土；用10%噻虫胺干拌种剂296~400

克/100 千克种子拌种；用 10%噻虫胺种子处理悬浮剂 270～300克/100 千克种薯拌种；用 1%氟氯氰菊酯颗粒剂 1 500～2 000 克/亩沟施；用 40%氯虫·噻虫胺悬浮剂 15～20 毫升/亩沟施，每季最多用药 1 次；用 600 克/升吡虫啉悬浮种衣剂 40～50毫升/100 千克种子种薯包衣；用 2%氟氯氰·噻虫胺颗粒剂1 500～2 000 克/亩沟施，每季最多用药 1 次，宜上午或傍晚用药。

（二）根结线虫

用 6%阿维·噻唑膦（阿维菌素 1%+噻唑膦 5%）微囊悬浮剂 2 000～2 500 毫升/亩灌根，于马铃薯出苗后第一次小培土前兑水灌根用药 1 次，每季最多用药 1 次；用 10%噻唑膦颗粒剂1 500～2 000 克/亩土壤撒施，定植前使用，每季最多用药 1 次；用 5%阿维菌素微乳剂 400～500 毫升/亩灌根，于马铃薯出苗后两周内，根结线虫侵染前灌根用药 1 次。

（三）金针虫

用 24%氟酰胺·嘧菌酯·噻虫嗪（嘧菌酯 4%+氟酰胺 4%+噻虫嗪 16%）种子处理悬浮剂 160～200 毫升/100 千克种薯/亩拌种薯。于播种前处理，按每 100 千克种薯加水 0.7 千克，将药液稀释且与马铃薯块茎搅拌均匀，使药液均匀分在种薯表面，阴干后播种，每季最多用药 1 次。

（四）线虫

用 98%棉隆颗粒剂 40～60 克/米² 土壤处理，应于播种前至少 35 天进行土壤熏蒸处理。用药前应先松土、浇水，并保湿 3～

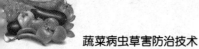

4天后，将药剂均匀撒施于土壤表面并立即翻耕混匀土壤，深度20厘米为宜。混土后再次浇水并覆膜，密闭20天后揭膜散气15天，再进行播种，每季最多用药1次。

（五）蚜虫

在蚜虫始盛期，用22%噻虫·高氯氟（噻虫嗪12.6%+高效氯氟氰菊酯9.4%）微囊悬浮–悬浮剂10~15毫升/亩喷雾，或17%氟吡呋喃酮可溶液剂30~50毫升/亩喷雾，安全间隔期为14天，每季最多用药2次；用2.5%高效氯氟氰菊酯水乳剂12~17毫升/亩喷雾，安全间隔期为3天，每季最多用药2次；用50克/升双丙环虫酯可分散液剂10~16毫升/亩喷雾，安全间隔期为3天，每季最多用药1次；用3%噻虫嗪颗粒剂800~1 200克/亩沟施；用10%噻虫嗪种子处理微囊悬浮剂167~225毫升/100千克种薯拌种；用10%氟啶虫酰胺悬浮剂30~50毫升/亩喷雾，安全间隔期为7天，每季最多用药1次；用70%噻虫嗪种子处理可分散粉剂25~40克/100千克种薯拌种；用22%螺虫·噻虫啉（螺虫乙酯11%+噻虫啉11%）悬浮剂20~40毫升/亩喷雾，安全间隔期为10天，每季最多用药1次；用50%吡蚜酮水分散粒剂20~30克/亩喷雾，安全间隔期为14天，每季最多用药2次。

（六）白粉虱

在虫害发生初期，用25%噻虫嗪水分散粒剂8~15克/亩喷雾，安全间隔期为7天，每季最多用药2次。

（七）马铃薯块茎蛾

在害虫发生初期，用2.5%高效氯氟氰菊酯水乳剂30~40毫升/亩喷雾，安全间隔期为 3 天，每季最多用药 2 次；用 50 克/升虱螨脲乳油 40~60 毫升/亩喷雾，安全间隔期为 14 天，每季最多用药 3 次。

（八）甲虫

在马铃薯甲虫幼虫发生期，用 100 亿孢子/毫升球孢白僵菌可分散油悬浮剂 200~300 毫升/亩喷雾；用 20%呋虫胺悬浮剂 15~20 毫升/亩喷雾，安全间隔期为 28 天，每季最多用药 2 次；用 32 000 IU/毫克苏云金杆菌 G033A 可湿性粉剂 75~100 克/亩喷雾。

（九）二十八星瓢虫

于害虫发生初期或幼虫低龄期，用 4.5%高效氯氰菊酯乳油 22~44 毫升/亩喷雾，安全间隔期为 14 天，每季最多用药 2 次。

二、姜

主要虫害有玉米螟、甜菜夜蛾、姜蛆、根结线虫等。

（一）玉米螟

在玉米螟产卵到孵化初期使用，用 1.8%阿维菌素乳油 30~40 毫升/亩，或 3.2%阿维菌素乳油 17~22.5 毫升/亩，或 5%阿维菌素乳油 11~14 毫升/亩喷雾，安全间隔期为 14 天，每季最多用药 1 次；用甲氨基阿维菌素苯甲酸盐（3%甲氨基阿维菌素）水分散粒剂 10~16 克/亩，或甲氨基阿维菌素苯甲酸盐（5%甲氨基阿维菌素）水分散粒剂 6~10 克/亩喷雾，安全间隔期为 14 天，每季最多用药 1 次。

（二）甜菜夜蛾

在甜菜夜蛾害虫卵孵化盛期或低龄幼虫期使用，用甲氨基阿维菌素苯甲酸盐（3%甲氨基阿维菌素）水分散粒剂 13.5~16 克/亩，或甲氨基阿维菌素苯甲酸盐（5%甲氨基阿维菌素）水分散粒剂 6~10 克/亩，或 240 克/升虫螨腈悬浮剂 15~20 毫升/亩喷雾，或 360 克/升虫螨腈悬浮剂 10~13 毫升/亩，或 10%虫螨腈悬浮剂 36~48 毫升/亩喷雾，安全间隔期为 14 天，每季使用不超过 1 次；用 24%虫螨腈·氯虫苯甲酰胺（虫螨腈 16%+氯虫苯甲酰胺 8%）18~22 毫升/亩喷雾，于甜菜夜蛾卵孵盛期至低龄幼虫发生始盛期喷雾用药 1 次，安全间隔期为 5 天，每季最多用药 1 次；用 150 克/升茚虫威悬浮剂 25~35 毫升/亩喷雾，在甜菜夜蛾卵孵化期至幼龄期，兑水 45 升/亩喷雾，安全间隔期为 7 天，每季最多用药 1 次；用 14%氯虫·高氯氟（氯虫苯甲酰胺 9.3%+高效氯氟氰菊酯 4.7%）微囊悬浮-悬浮剂 10~20 毫升/亩喷雾，安全间隔期为 14 天，每季最多用药数 2 次。

（三）姜蛆

每亩用 20%灭蝇胺可溶粉剂 50~75 克/1 000 千克姜药土法，姜块入窖时，每吨生姜使用 20%灭蝇胺可溶粉剂制剂量为 50~75 克，拌沙子 100 千克撒施到姜块上，安全间隔期为 90 天，用药最多 1 次；每亩用 50%灭蝇胺可溶粉 20~30 克/1 000 千克姜药土法，或每亩 70%灭蝇胺可湿性粉剂 14~21 克/1 000 千克姜药土法，姜块入窖时按照推荐剂量拌沙土 100 千克撒施到姜块上，采收间隔期 90 天以上，每季最多用药 1 次；每吨生姜用 1%吡丙醚 1%粉剂 1 000~1 500 克撒施，在姜窖内使用时，将药剂与细河沙按照 1∶10 比例混匀后均匀撒施于生姜表面，生姜储藏期撒施 1 次，安全间隔期为 180 天；用 0.6%噻虫·氟氯氰颗粒剂 1 500~2 500 克/1 000 千克姜撒施，在姜入窖时，药剂拌细沙土分层均匀撒施，安全间隔期为 180 天，每季最多用药 1 次。

（四）根结线虫

用 0.3%印楝素水分散粒剂 600~800 倍灌根，于姜种种植时，将配置好的药液淋灌到放置姜种的穴里，每穴浇灌 300 毫升药液，然后覆土；姜种播种两个月后，每穴可再次浇灌 300 毫升药液。每季最多用药 2 次。用 10%噻唑膦颗粒剂 1 500~2 000 克/亩撒施，开沟撒施后播种，每季最多用药 1 次。用 400克/升威百亩可溶液剂 5 000~6 000 毫升/亩土壤熏蒸，于播种前至少 20 天以上进行土壤熏蒸 1 次，用药前应先开深度 20 厘米、相距 20 厘米的沟，将药剂稀释后均匀施于沟内立即盖土覆膜密封 15 天，揭膜后翻耕土壤并透气 5 天以上。用 42%威百亩可溶液剂 5 000~6 000 毫升/亩土壤熏蒸，于姜播种前 20 天（或多于），在地面开沟，沟深 20 厘米，沟距 20 厘米。每亩用水 300千克左右稀释，均匀施于沟内，盖土压实后（不要太实），覆盖地膜进行熏蒸处理（土壤干燥可多加水稀释药液），15 天后去掉地膜翻耕透气 5 天以上，再播种或移栽。每季在移栽前用药 1次，安全间隔期为姜成熟收获期。用 400 克/升氟吡菌酰胺悬浮剂 60~80 毫升/亩沟施，在播种/扦插当天沟施，1 米行长药液量为 1 000 毫升。用 99%硫酰氟气体制剂 75~100 克/米² 土壤熏蒸，于移栽前使用，每季最多用药 1 次。

三、芋

主要虫害有斜纹夜蛾等。

斜纹夜蛾：在芋头斜纹夜蛾卵孵化高峰至低龄幼虫发生期使用，用 0.3%苦参碱水剂 250~376 毫升/亩，或甲氨基阿维菌素 3%悬浮剂 29~37 毫升/亩，或阿维菌素 1.8%乳油 45~50 毫升/亩喷雾，安全间隔期为 30 天，每季最多用药 1 次；用 2%甲氨基阿维菌素微乳剂 8~9 毫升/亩喷雾，安全间隔期为 14 天，每季最多用药 2 次；用 5%甲氨基阿维菌素水分散粒剂 10~15 克/亩喷雾，安全间隔期为 14 天，每季最多用药 1 次；于 1~2 龄幼虫中、高峰期用药，用 100 亿孢子/毫升短稳杆菌悬浮剂 200~300 毫升/亩喷雾。

四、山药

主要虫害有蛴螬、甜菜夜蛾、根结线虫、根腐线虫等。

（一）蛴螬

用 3%辛硫磷颗粒剂 4 000~8 000 克/亩沟施，于山药播种前沟施，进行土壤处理 1 次，安全间隔期为收获期。用 10%噻虫嗪微囊悬浮剂 300~500 毫升/亩沟施，于播种前用药 1 次。

（二）甜菜夜蛾

在卵孵化盛期至低龄幼虫分散为害前使用，用 25%灭幼脲悬浮剂25~35毫升/亩喷雾，安全间隔期为21天，每季最多用药1次。

（三）根结线虫

用6%寡糖·噻唑膦水乳剂2 000~3 000毫升/亩灌根，于山药膨大期，按登记用量兑水灌根1次，亩用水量1 000~2 000千克（每株500~1 000毫升药液）；用400克/升氟吡菌酰胺悬浮剂60~80毫升/亩沟施，在播种/扦插当天沟施，1米行长药液量为1 000毫升；用0.5%阿维菌素颗粒剂3 000~5 000克/亩沟施，于山药播种前，拌细土均匀沟施；用10%噻唑膦微囊悬浮剂1 500~2 000毫升/亩沟施，或20%噻唑膦微囊悬浮剂750~1 000毫升/亩沟施，或30%噻唑膦微囊悬浮剂500~650毫升/亩沟施，拌少量细沙土均匀撒施于种植沟内覆土，应在用药后当天进行山药播种，每季最多用药1次；用0.5%阿维菌素颗粒剂3 000~5 000克/亩沟施，或1%阿维菌素颗粒剂1 500~2 500克/亩沟施，在山药播种前沟施1次，用药时要立即覆土。

（四）根腐线虫

用400克/升氟吡菌酰胺悬浮剂60~80毫升/亩沟施，在播种/扦插当天沟施，1米行长用药液量为1 000毫升。

第十一节 多年生蔬菜

芦笋

主要虫害有甜菜夜蛾、蓟马、棉铃虫、蜗牛等。

（一）甜菜夜蛾

可在甜菜夜蛾卵孵盛期和低龄幼虫期，用 2%甲氨基阿维菌素苯甲酸盐微乳剂 7.5~10 毫升/亩，兑水 40~54 千克/亩喷雾防治；也可于低龄幼虫期，喷施 10%虫螨腈悬浮剂 40~60 毫升/亩，或 240 克/升虫螨腈悬浮剂 17~25 毫升/亩，或 360 克/升虫螨腈悬浮剂 12~16 毫升/亩，或 10%呋喃虫酰肼悬浮剂 70~100 毫升/亩，其中虫螨腈安全间隔期为 5 天，每季最多用药 1 次，呋喃虫酰肼安全间隔期为芦笋芽冒出后 3 天，每季最多用药 1 次；也可于低龄幼虫发生始盛期，喷施 0.5%甲氨基阿维菌素苯甲酸盐微乳剂 30~40 毫升/亩，或 3%甲氨基阿维菌素苯甲酸盐微乳剂 5~6.7 毫升/亩，或 5%甲氨基阿维菌素苯甲酸盐微乳剂 3~4 毫升/亩，或 15%茚虫威悬浮剂 14~18 毫升/亩，安全间隔期为 3 天，每季最多用药 1 次。

（二）蓟马

可于蓟马始发期用药防治，可喷施 25%噻虫嗪水分散粒剂 20~40 克/亩，或 50%噻虫嗪水分散粒剂 10~20 克/亩，或 70%

噻虫嗪水分散粒剂 7.1~14.3 克/亩，安全间隔期 3 天，每季最多用药 1 次；或于蓟马盛发初期，喷施 10% 虫螨腈悬浮剂 72~120 毫升/亩，或 240 克/升虫螨腈悬浮剂 30~50 毫升/亩，或 360 克/升虫螨腈悬浮剂 20~33 毫升/亩，安全间隔期为 3 天，每季最多用药 1 次。

（三）棉铃虫

可在低龄幼虫发生始盛期，喷施 16 000 IU/毫克苏云金杆菌可湿性粉剂 300~400 克/亩进行防治。

（四）蜗牛

可在蜗牛发生初期用药防治，可用 30% 茶皂素水剂 120~180 毫升/亩，兑水 30~50 千克/亩喷施 1 次。

第十二节　水生蔬菜

一、莲藕

主要虫害有莲缢管蚜等。

莲缢管蚜：可于虫害发生初期用药防治，可喷施 10% 吡虫啉湿性粉剂 10~20 克/亩，或 25% 吡蚜酮可湿性粉剂 12~18 克/亩，或 5% 啶虫脒乳油 20~30 毫升/亩，或 10% 啶虫脒乳油 10~15 毫升/亩，安全间隔期为 14 天，每季最多用药 1 次；也可于虫害始盛期，用吡虫啉 70% 可湿性粉剂 1.5~3 克/亩喷雾 1 次，

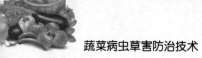

安全间隔期为 14 天，最多用药 1 次。

二、茭白

主要虫害有二化螟、长绿飞虱等。

（一）二化螟

可于二化螟害虫各代为害期间，特别是低龄若虫发生初盛期，老龄若虫较少时用药防治，可喷施 5% 阿维菌素乳油 12~18 毫升/亩，安全间隔期为 14 天，每季最多用药 2 次；也可于虫害发生初期，用 1.8% 阿维菌素乳油 35~50 毫升/亩喷雾防治，安全间隔期为 14 天，每季最多用药 2 次；也可于卵孵化高峰期，用 32 000 IU/毫克苏云金杆菌可湿性粉剂 333~500 倍液喷雾防治，隔 5 天再用药 1 次；也可于卵孵高峰期至幼虫 1 龄期，用 40% 氯虫·噻虫嗪水分散粒剂 3 333~5 000 倍液喷雾防治，安全间隔期为 10 天，每季最多用药 1 次；也可于虫害始盛期至低龄幼虫始盛期，用 3% 甲氨基阿维菌素苯甲酸盐微乳剂 35~50 毫升/亩喷雾防治，安全间隔期为 14 天，每季最多用药 2 次。

（二）长绿飞虱

可于长绿飞虱发生初期，用 25% 噻虫嗪水分散粒剂 5 000~8 333 倍液喷雾防治，安全间隔期为 10 天，每季最多用药 1 次；也可于虫害始发期至盛发期，用 25% 吡蚜酮可湿性粉剂 1 666~2 500 倍液喷雾防治，安全间隔期为 10 天，每季最多用药 1 次；也可于低龄若虫盛发期，用 65% 噻嗪酮可湿性粉剂 15~20 克/亩喷雾防治，安全间隔期为 14 天，每季最多用药 1 次。

第三章　草害防治技术

第一节　白菜类蔬菜

一、大白菜

主要草害有稗草、野燕麦、马唐、牛筋草、看麦娘、狗尾草、千金子、棒头草等一年生禾本科杂草。

可于一年生禾本科杂草 3~5 叶期，用 5% 精喹禾灵乳油 40~60 毫升/亩喷雾防治，每个作物周期最多用药 1 次。

二、普通白菜

主要草害有稗草、马唐、狗尾草、千金子、牛筋草、苋藜、马齿苋等一年生杂草。

可于移栽前，用 330 克/升二甲戊灵乳油 100~150 毫升/亩土壤喷雾防治，每季最多用药 1 次。

第二节 茄果类蔬菜

一、番茄

主要草害有稗草、马唐、臂形草、牛筋草、狗尾草、异型莎草、碎米莎草、荠菜、苋、鸭趾草、蓼等一年生禾本科杂草，部分双子叶杂草和一年生莎草科杂草。

可于幼苗移栽前，用 75% 氯吡嘧磺隆水分散粒剂 6～8 克/亩，或 48% 仲丁灵乳油 150～250 毫升/亩，或 960 克/升精异丙甲草胺乳油 65～85 毫升/亩（东北地区）、50～65 毫升/亩（其他地区）土壤喷雾防治，每个作物周期最多用药 1 次。

二、茄子

主要草害有稗草、马唐、臂形草、牛筋草、狗尾草、荠菜、苋、鸭趾草、蓼等一年生禾本科杂草和部分双子叶杂草。

可于幼苗移栽前，用 48% 仲丁灵乳油 150～200 毫升/亩土壤喷雾防治，每个作物周期最多用药 1 次。

三、辣椒

主要草害有马唐、稗草、狗尾草、牛筋草、苋、藜、繁缕等一年生禾本科杂草和部分双子叶杂草。

可于幼苗移栽前，用 480 克/升氟乐灵乳油 100～150 毫升/

亩，或48%仲丁灵乳油150~200毫升/亩土壤喷雾防治，每个作物周期最多用药1次。

第三节 瓜类蔬菜

一、南瓜

主要草害有牛筋草、马唐、狗尾草等一年生禾本科杂草。

一年生禾本科杂草：南瓜苗前除草，用60%异丙甲·扑净悬乳剂180~280毫升/亩兑水20~30升，或56%异·异丙·扑净悬乳剂150~200毫升/亩兑水20~30升，土壤均匀喷雾，每季土壤用药1次。

二、西瓜

主要草害有稗草、马唐、狗尾草、牛筋草、马齿苋、反枝苋、藜等一年生禾本科杂草和小粒阔叶杂草。

一年生禾本科杂草：在西瓜播后苗前或移栽前进行土壤表面均匀喷雾预防，用960克/升异丙甲草胺乳油75~115毫升/亩，每季最多用药1次；或在一年生禾本科杂草3~5叶期，用5%精喹禾灵乳油40~60毫升/亩兑水15~30升，或10%噁草酸乳油35~50毫升/亩，或108克/升高效氟吡甲禾灵乳油35~50毫升/亩，每季用药1次。

一年生禾本科杂草及部分阔叶杂草：于西瓜播后苗前或移

栽前，用 48%仲丁灵乳油 150~200 毫升/亩土壤喷雾，每季最多用药 1 次；或在移栽前，用 960 克/升精异丙甲草胺乳油 40~65 毫升/亩，每季最多用药 1 次；或在杂草出苗前，用 50%敌草胺可湿性粉剂 150~250 克/亩，每季用药 1 次。

第四节　甘蓝类蔬菜

花椰菜

主要草害有狗尾草、野黍、画眉草、雀稗等多种常见一年生禾本科杂草。

一年生禾本科杂草：杂草 3~6 叶期间、刚出齐苗时，用 69 克/升精噁唑禾草灵水乳剂 50~60 毫升/亩兑水 25~30 升，整个生育期最多用药 1 次，茎叶喷雾防治；或于花椰菜田杂草生长旺盛期，用 10%精草铵膦铵盐可溶液剂 200~300 毫升/亩兑水 30~50 千克/亩，茎叶喷雾 1 次。

第五节　根菜类蔬菜

胡萝卜

主要草害有稗草、野慈姑、鸭舌草、千金子、节节菜、牛毛毡、雨久花、扁秆藨草、异型莎草、狼把草、陌上菜、泽泻等一年生杂草。

一年生杂草：在胡萝卜播种后出苗前，杂草萌芽前，可用42%甲戊·噁草酮乳油160～200毫升/亩喷雾防治，每季最多用药1次。

第六节　葱蒜类蔬菜

一、韭

主要草害有稗草、马唐、狗尾草、牛筋草、碎米莎草、异型莎草、苋、藜、马齿苋、苘麻、繁缕和龙葵等一年生杂草。

一年生杂草：在韭菜直播田播后苗前或移栽田移栽前或移栽后或种子播种后覆土2～3厘米均可用药，用330克/升二甲戊灵乳油110～150毫升/亩兑水40～60千克/亩土壤喷雾，每季最多用药1次。

二、大葱

主要草害有稗草、狗尾草、马唐、牛筋草、藜、苋、马齿苋等一年生杂草。

一年生杂草：用48%甲草·莠去津（甲草胺28%、莠去津20%）悬浮剂150～200克/亩，兑水45～60千克/亩，土壤喷雾防治。

三、洋葱

主要草害有稗草、野慈姑、鸭舌草、千金子、节节菜、牛毛毡、雨久花、扁秆藨草、异型莎草、狼把草、陌上菜、泽泻等一年生禾本科杂草、部分阔叶杂草和一年生莎草科杂草。

一年生杂草：在洋葱移栽前 2~3 天、杂草萌芽前土壤喷雾用药，用 42%甲戊·噁草酮（噁草酮 12%、二甲戊灵 30%）乳油 160~200 毫升/亩兑水 30~40 千克/亩，或 330 克/升二甲戊灵乳油 150~200 毫升/亩兑水 40~45 千克/亩，土壤喷雾防治，安全间隔期为 10 天，每季最多用药 1 次。

一年生禾本科杂草及部分阔叶杂草：用 960 克/升精异丙甲草胺乳油 52.5~65 毫升/亩兑水 30~60 千克/亩，土壤喷雾防治，每季最多用药 1 次。

四、大蒜

主要草害有稗草、野慈姑、鸭舌草、千金子、节节菜、牛毛毡、雨久花、扁秆藨草、异型莎草、狼把草、陌上菜、泽泻等一年生禾本科杂草、部分阔叶杂草和一年生莎草科杂草。

一年生阔叶杂草：于大蒜播后苗前土壤喷雾用药，用 30%吡氟酰草胺悬浮剂 20~30 毫升/亩兑水 30~40 千克/亩，或 50%吡氟酰草胺悬浮剂 16~24 毫升/亩兑水 30~45 千克/亩，每季最多用药 1 次。

阔叶杂草：于大蒜3~4叶期茎叶喷雾防治，用30%辛酰溴苯腈乳油75~90毫升/亩兑水40千克/亩，每季最多用药1次。

　　一年生禾本科杂草及部分阔叶杂草：在大蒜播种后杂草出苗前土壤喷雾防治，用33%扑草·仲丁灵（仲丁灵22%、扑草净11%）乳油150~200毫升/亩兑水60~90千克/亩，或960克/升精异丙甲草胺乳油50~65毫升/亩兑水30~60千克/亩，或50%敌草胺可湿性粉剂120~200克/亩兑水50~100千克/亩。

　　一年生杂草：在大蒜播种后杂草出苗前土壤喷雾防治，用40%氧氟·乙草胺（乙草胺34%、乙氧氟草醚6%）乳油90~140克/亩，或42%氧氟·乙草胺（乙草胺34%、乙氧氟草醚8%）乳油90~100克/亩，或43%氧氟·乙草胺（乙草胺37.5%、乙氧氟草醚5.5%）乳油100~150毫升/亩，或57%氧氟·乙草胺（乙草胺51%、乙氧氟草醚6%）乳油80~110毫升/亩，或48%甲草·莠去津（甲草胺28%、莠去津20%）悬浮剂150~200克/亩兑水45~60千克/亩，或50%扑草净悬浮剂80~120克/亩兑水40千克/亩，或240克/升乙氧氟草醚乳油40~50毫升/亩兑水45~60千克/亩（播后严密盖种），或44%克戊·氧·乙草胺乳油（乙草胺22%、乙氧氟草醚5%、二甲戊灵17%）150~200毫升/亩兑水30~50千克/亩，或45%克戊·氧·乙草胺乳油（乙草胺18%、乙氧氟草醚5%、二甲戊灵22%）100~160毫升/亩，或51.5%克戊·氧·乙草胺乳油（乙草胺30%、乙氧氟草醚4%、二甲戊灵17.5%）90~150毫升/亩，或52%克戊·氧·乙草胺乳油（乙草胺31%、乙氧氟草醚

6%、二甲戊灵 15%）150~180 毫升/亩兑水 40 千克/亩，或 33%
甲戊·乙草胺（乙草胺 20%、二甲戊灵 13%）乳油 150~250 毫
升/亩，或 40%甲戊·乙草胺（乙草胺 30%、二甲戊灵 10%）乳
油 125~175 毫升/亩，或 35%甲戊·扑草净（二甲戊灵 20%、扑
草净 15%）乳油 150~200 毫升/亩兑水 40~60 千克/亩，或 42%
甲·乙·莠（乙草胺 25%、甲草胺 2%、莠去津 15%）悬浮剂
150~200 克/亩兑水 45~60 千克/亩，或 45%丙炔氟草胺·二甲
戊灵（丙炔氟草胺 2.6%、二甲戊灵 42.4%）微囊悬浮-悬浮剂
80~120 毫升/亩兑水 30~45 千克/亩，或 35%丙炔噁草酮·二甲
戊灵（丙炔噁草酮 5%、二甲戊灵 30%）乳油 60~80 毫升/亩兑
水 30 千克/亩，或 37.5%噁酮·乙草胺（乙草胺 25%、噁草酮
12.5%）乳油，或 380%噁草酮悬浮剂 46~85 毫升/亩兑水 30~
40 千克/亩，或 33%二甲戊灵乳油 140~180 毫升/亩兑水 40~60
千克/亩，或 34%氧氟·甲戊灵（乙氧氟草醚 14%、二甲戊灵
20%）乳油 50~80 毫升/亩兑水 30~60 千克/亩，或 30%氧氟·
扑草净（乙氧氟草醚 6%、扑草净 24%）可湿性粉剂 100~200
克/亩，或 50%乙氧·异·甲戊（异丙甲草胺 30%、乙氧氟草醚
5%、二甲戊灵 15%）乳油 150~200 毫升/亩兑水 30~45 千克/
亩，或 55%乙氧·异·甲戊（异丙甲草胺 35%、乙氧氟草醚
5%、二甲戊灵 15%）乳油 110~130 毫升/亩兑水 30~40 千克/
亩，或 56%乙氧·异·甲戊（异丙甲草胺 30%、乙氧氟草醚
6%、二甲戊灵 20%）乳油 100~160 毫升/亩兑水 30~45 千克/
亩，或 60%乙氧·异·甲戊（异丙甲草胺 36%、乙氧氟草醚

6%、二甲戊灵 18%）乳油 120~160 毫升/亩兑水 30~40 千克/亩，或 25%乙氧氟草醚悬浮剂 48~57 毫升/亩，或 50%扑·乙（乙草胺 40%、扑草净 10%）乳油 130~150 毫升/亩兑水 45~60 千克/亩，或 33%吡酰·氧氟（吡氟酰草胺 11%、乙氧氟草醚 22%）悬浮剂 20~40 毫升/亩兑水 40 千克/亩，或 36%吡酰·二甲戊（吡氟酰草胺 3%、二甲戊灵 33%）悬浮剂 130~190 毫升/亩兑水 30~45 千克/亩，每季最多用药 1 次；也可用在大蒜种后至立针期，用 42%甲戊·噁草酮（噁草酮 12%、二甲戊灵 30%）乳油 160~200 毫升/亩兑水 30~40 千克/亩土壤喷雾防治。

第七节　绿叶菜类蔬菜

莴苣

主要草害有马唐、看麦娘、早熟禾、牛筋草、牛繁缕、藜等一年生杂草。

可于移栽莴苣定植前或直播莴苣播种后 1~3 天苗前，土壤喷雾处理，用 50%炔苯酰草胺可湿性粉剂 200~267 克/亩。

第八节 豆类蔬菜

菜用大豆

主要草害有马齿苋、婆婆纳、大巢菜、刺儿菜藜、苋等一年生阔叶杂草及莎草科杂草；马唐、牛筋草、狗尾草、稗草、千金子等一年生/多年生禾本科杂草。

（一）一年生阔叶杂草及莎草科杂草

在苗后早期大豆 1~2 片复叶，杂草 3~5 叶期，用 447 克/升氟胺·灭草松（灭草松 360 克/升+氟磺胺草醚 87 克/升）水剂 200~250 毫升/亩茎叶喷雾，应用于春大豆田苗后除草剂。

（二）一年生禾本科杂草

在禾本科杂草 3~5 叶期，用 150 克/升精吡氟禾草灵乳 50~67 毫升/亩喷雾，或 10% 精喹禾灵乳油 26~35 毫升/亩喷雾，或 480 克/升氟乐灵乳油 125~175 毫升/亩喷雾，每季最多用药 1 次。

第九节 薯芋类蔬菜

一、马铃薯

主要草害有稗、狗尾草、苍耳、马齿苋等一年生杂草；

枯叶。

（一）一年生杂草

在杂草 2~4 叶期，用 25% 砜嘧磺隆水分散粒剂 5.5~6 克/亩喷雾，每季最多用药 1 次，后茬作物安全间隔期为 90 天。用 35% 甲戊·扑草净（二甲戊灵 20%＋扑草净 15%）乳油 250~300 毫升/亩（东北地区）150~250 毫升/亩（其他地区）土壤喷雾，每季最多用药 1 次。

（二）枯叶

用 150 克/升敌草快 286~357 毫升/亩喷雾，安全间隔期为 5~10 天，每季最多用药 1 次。用 20% 敌草快水剂 200~250 克/亩茎叶定向喷雾，或 25% 敌草快水剂 160~200 克/亩茎叶定向喷雾，催枯安全间隔期为 10 天。

二、姜

主要草害有马唐、稗草、狗尾草、牛筋草等一年生杂草。

可于姜播后出苗前，用 20% 氧氟·甲戊灵（乙氧氟草醚 2.5%＋二甲戊灵 17.5%）乳油 130~180 毫升/亩，或 24% 乙氧氟草醚乳油 40~50 毫升/亩，或 42% 甲·乙·莠（乙草胺 25%＋甲草胺 2%＋莠去津 15%）悬乳剂 150~200 毫升/亩，或 33% 二甲戊灵乳油 130~150 毫升/亩喷雾，最多用药 1 次；用 500 克/升调环酸钙·氯化胆碱悬浮剂 15~25 毫升/亩喷雾，用药时期为姜三股权（3 苗）期用药，推荐兑水量 30 千克/亩，每季最多用药 1 次。

第十节　水生蔬菜

一、莲藕

主要草害有浮萍（绿萍）、满江红（红萍）、水绵（青苔）等一年生杂草。

可在水层保持 10~20 厘米，莲藕立叶高出水面 20~30 厘米时，用 10% 异·异丙·扑净颗粒剂 300~400 克/亩撒施，每季最多用药 1 次。

二、茭白

主要草害有稗草、千金子、异型莎草、牛毛毡、鸭舌草、眼子菜、四叶萍、矮慈姑等一年生杂草。

可在茭白移栽返青，杂草萌芽时，采用药土法用药，用 36% 吡嘧·丙草胺可湿性粉剂 60~80 克/亩防治，田间应保持 3~5 厘米浅水层，用药后保持此水层 5~7 天后转正常田间管理，安全间隔期为 30 天，每季最多用药 1 次。

主要参考文献

鲁传涛，等，2021. 蔬菜病虫诊断与防治彩色图解 ［M］. 北京：中国农业科学技术出版社.

农业部农民科技教育培训中心，中央农业广播电视学校，2009. 蔬菜病虫害防治技术 ［M］. 北京：中国农业大学出版社.

王迪轩，2019. 现代蔬菜栽培技术手册 ［M］. 北京：化学工业出版社.

徐春霞，卜祥勇，罗映秋，2018. 蔬菜病虫害防治与诊断彩色图谱 ［M］. 北京：中国农业科学技术出版社.

张玉聚，等，2023. 中国植保图鉴 ［M］. 北京：中国农业出版社.